李 霞／著

线粒体动力学原理及应用

Principle and Application of Mitochondrial Dynamics

化学工业出版社
·北京·

内容简介

本书共分 6 章，在对线粒体及相关内容进行简要概述的基础上，主要介绍了线粒体表观遗传学、线粒体动力学及其对代谢的调控、线粒体动力学调控的免疫应答、机械力介导下线粒体动力学响应，最后对线粒体动力学研究进行了总结，并展望了未来的研究趋势。

本书理论性较强，对线粒体动力学进行了系统的总结与分析，并辅以先进实例，具有较强的专业性，有利于线粒体相关疾病新型疗法的研发。本书可供从事线粒体及重大疾病研究等工作的科研人员、技术人员参考，也可供高等学校生物工程、生物医学及相关专业师生参阅。

图书在版编目（CIP）数据

线粒体动力学原理及应用/李霞著. —北京：化学工业出版社，2021.3（2023.2 重印）
ISBN 978-7-122-38484-3

Ⅰ.①线… Ⅱ.①李… Ⅲ.①线粒体-细胞动力学 Ⅳ.①Q244

中国版本图书馆 CIP 数据核字（2021）第 022929 号

责任编辑：刘　婧　刘兴春　　装帧设计：史利平
责任校对：边　涛

出版发行：化学工业出版社（北京市东城区青年湖南街 13 号　邮政编码 100011）
印　　装：北京科印技术咨询服务有限公司数码印刷分部
710mm×1000mm　1/16　印张 10½　字数 156 千字
2023 年 2 月北京第 1 版第 3 次印刷

购书咨询：010-64518888　　售后服务：010-64518899
网　　址：http://www.cip.com.cn
凡购买本书，如有缺损质量问题，本社销售中心负责调换。

定　　价：85.00 元

前言

线粒体是真核细胞内为机体提供能量的关键组织，机体内超过 90% 的能量均由线粒体提供。线粒体的主要功能包括为机体提供能量和调控细胞代谢中的关键因子。线粒体作为一个高度动态化的细胞器，可在细胞的不同生理病理状态发生响应，而线粒体动态的维持与线粒体动力学改变密切相关。线粒体不断地分裂和融合，二者之间维持着动态平衡，对于细胞积极有效地适应环境的改变具有重要的意义。线粒体动力学的失衡不仅与机体的生长发育有密切关系，而且还与糖尿病、肿瘤、肝病和心脑血管疾病等多种疾病密切相关。

线粒体动力学与医学的研究是当前生命科学中的热点问题。本书以线粒体动力学表观遗传学、代谢、免疫应答为基础，围绕关于衰老、线粒体功能相关重大疾病（如帕金森病、肿瘤、心脑血管疾病等）的新近研究成果，阐述了线粒体动力学相关方面的基本规律及研究现状，探讨了线粒体相关疾病的靶向干预中的作用机制。本书全面介绍了线粒体动力学响应的基础性内容和最新线粒体相关疾病方向的研究，不仅有助于专业读者了解线粒体动力学与医学中基本理论和研究现状，对线粒体相关疾病新型疗法的研发也具有一定的参考价值。

本书具有较强的学术性、先进性，可供神经病学、肿瘤学、心血管系统疾病等方面的研究者参考，也可供高等学校生物学、医学及其相关专业师生参阅。本书的出版获得了著者单位太原理工大学、山西省应用基础研究计划项目（201801D221280）和山西绿鑫洋科技有限公司横向项目（193060160-J）的资助和支持，在此一并表示感谢。

限于著写时间及著者水平，书中不足与疏漏之处在所难免，敬请读者批评指正。

著者

2020 年 9 月

目 录

第 1 章 ▸▸
线粒体概述

1.1 线粒体动力学概述

线粒体（mitochondrion）是双层膜的细胞器（外膜和内膜），具有棒状、线状及椭圆状三种形态。线粒体外膜较平滑，而内膜向内形成折叠的嵴，外膜和内膜之间的区域为膜间隙，其内充满基质。线粒体的数量与机体或组织的能量需求呈正相关关系，能量需求越高的地方，线粒体的数量越多。线粒体内还含有少量的 DNA 和遗传体系，是一类半自主性细胞器。线粒体被称为“能量动力工厂”，其结构如图 1-1 所示。

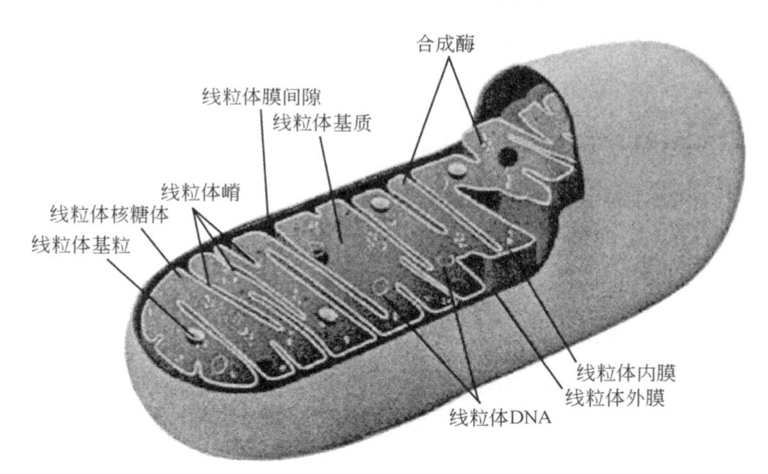

图 1-1　线粒体的结构示意

线粒体主要通过氧化磷酸化反应产生三磷酸腺苷（adenosine triphosphate，ATP）为机体产生能量，从而满足机体生理活动的能量需求。但线粒体的功能动力学并不只限于生物能量的生产，线粒体同时具有传递电子、抗活性氧化、参与能量代谢的作用，甚至在细胞凋亡中起着关键的调控作用，因此，线粒体因其功能动力学作用，在机体细胞生长、衰老等生理过程或病理中都扮演着重要的角色[1-3]。

线粒体动力学（mitochondrial dynamics）是指在相关蛋白质的调控下，线粒体不断进行动态融合及分裂，从而完成其形态的动态变化，进而维持线粒体网络结构的整体稳定性的过程。在细胞周期中，GL 期主要进行 RNA 和非组蛋白合成，S 期为 DNA 合成期，在此过程中 DNA 既要完成自我复制，还需要进行转录以及蛋白质的合成。线粒体作为细胞凋亡的重要参与者，细胞死亡信号可提高膜的通透性，从而导致线粒体结构发生变化，进而诱导线粒体膜间隙中调控细胞死亡的相关信号分子转移至线粒体基质中，最终影响染色体 DNA 的表达，达到令细胞死亡的目的[4]。因此，线粒体结构的完整性是细胞生理活动及病理调控的功能基础。近年来，随着检测技术如活细胞显微成像技术和三维成像技术的进步，研究者观察到线粒体的三维结构表现为管网状且彼此相连。在动态融合与分裂过程中，线粒体在形态、数量上可产生较为明显的变化，并且细胞周期和内外环境的变化同样对线粒体形态、数量产生影响。线粒体的这种结构形态动力学和运动动力学特性，不仅可以帮助细胞适应环境，同样在病理角度具有重要意义，如在细胞凋亡、自噬以及相关疾病的发生发展方面能够为研究者指引合理的探究方向[5,6]。

尽管线粒体动力学的调控机理以及其在生理病理方面的作用机制仍存在问题，但大量相关研究证明，线粒体动力学（线粒体的分裂和融合）是线粒体实现正常生理功能的关键因子，并和疾病的发生密切相关。线粒体动力学能够保障线粒体正常功能的进行以及正常形态的维持，其通过对线粒体形态的动态调控在细胞凋亡或与细胞凋亡相关的疾病中发挥重要作用，并表现出线粒体动力学的调控紊乱[7]。

线粒体作为一种不断融合和分裂的动态组织，其数量和形态都随细胞或组织的生长发育、细胞周期或各种毒性条件的改变而出现变化，线粒体可以是椭圆形、长管状和视网膜状。线粒体的形态也随着细胞周期的变化而变化，其中 GL 期线粒体基本上是网状的，S 期则呈现不同的片状形态，并且根据不同的外界环境，线粒体的形态会发生相应变化。

线粒体动力学中线粒体的融合和分裂处于相对动态调控的状态，两者间的相对变化速率决定其交联程度，如线粒体的融合速率高于线粒体的分裂速率，线粒体会提高其网络化程度，连续性将会提高，进而改变线粒体的相关功能，最终完成对细胞组织的调控。线粒体通过融合提高网络化程度来促进彼此之间的膜电位转移和分子等物质的移动［包括线粒体 DNA（mtDNA）之间的交换］，进而实现线粒体间的密切合作，最终促进能量和物质在线粒体网络中的转移和共享。线粒体之间通过融合行为来转移 mtDNA，可保障 mtDNA 完全互补、线粒体网络得到有效补偿、有效修复衰老及环境因素导致的基因突变、保证细胞分裂过程中染色体平均分配到子代细胞中。反之，促进线粒体分裂并抑制融合将导致线粒体片段化。有丝分裂保证了线粒体生命的正常活动，使得有丝分裂过程中细胞不同区域的线粒体发挥各自的功能，并表现出不同的钙储存值、膜电位和通透性。在细胞分裂过程中，这种分裂也允许线粒体在分裂后的细胞中维持同样的分布状态。有丝分裂和融合的速率可能不同，这将会导致线粒体数量的增加或减少，但控制线粒体数量和形状的具体分子机制尚不清楚。因此，这解释了为什么 GL 期细胞的线粒体形成一个网络，而 S 期则分裂为碎片。在动态网络结构中，线粒体频繁、连续地融合与分裂、协同与分工，二者之间维持着动态平衡。在各种组织的细胞中，线粒体的结构、形状及其运动的线粒体动力学会随线粒体动态网络结构的改变而出现变化[8]，这有助于帮助细胞适应环境的改变。

近年来，随着显微成像技术的发展，人们对线粒体动力学有了进一步的认识。通过透射电镜和连续切割电镜扫描显示，线粒体是动态的管状结构，通过图像检测的手段，能够获得线粒体阵列的图像。阳离子荧光探针可用于活细胞线粒体特异性染色，根据获得的图像可以看出，线粒体作为细胞内的一类细胞器，其动态和形态经常发生变化。线粒体对特异膜电位的敏感性可保证线粒体的高连续性，而刺激线粒体某些部位的去极化可以降低线粒体阵列远膜电位。线粒体动力学在多种心脑疾病及癌症的发生发展中发挥着关键的调控作用。相关研究表明，线粒体动力学中融合、分裂及其相对运动的路径和相对速率在神经退化性疾病的发生发展中具有重要的作用。在相关的神经元细胞中，线粒体分裂和融合的速率会影响神经细胞的生理特性，如突触的可塑性，进而导致细胞结构完整性甚至机体受损，如亨廷顿舞蹈症（Huntington's disease，HD）[9]、帕金森病（Parkinson's disease，PD）[10]

和阿尔茨海默病（Alzheimer's disease，AD）[11]。有研究表明线粒体动力学特性不仅与细胞的代谢密切相关，而且与细胞自吞噬及凋亡均有密切的关系，而这些功能对癌症的发生发展具有重要的意义[12,13]。

1.2 线粒体形态与结构

1.2.1 线粒体形态

一般情况下，线粒体的形态、大小不固定，会随细胞种类、细胞内渗透压、pH 值的不同而变化。在细胞内，线粒体一般表现为大小不一的球状、棒状或细丝状颗粒；在特异的生物种类和生理状态下，线粒体还可表现为环状、线状、哑铃状、分杈状、扁盘状或其他形状。低渗情况下，线粒体膨胀如泡状；高渗情况下，线粒体伸长为线状；胚胎干细胞线粒体在发育早期为短棒状，发育晚期为长棒状；在酸性环境下膨胀，在碱性环境下为粒状。

线粒体通常分布在具有强大细胞生理功能的区域和需要更多能量的区域。例如在精子细胞中，线粒体沿着鞭毛排列。在肌细胞中，相邻肌原纤维中层细胞中线粒体的分布可能由于细胞生理状态的改变而发生改变。当肾小管细胞的交换功能强时，线粒体集中于质膜近腔面内缘；分裂过程中线粒体均匀分布在纺锤丝周围。

线粒体是细胞内一种敏感的细胞器，常作为组织损伤的标志物和疾病诊断的辅助指标。线粒体相关疾病（肝硬化、癌症或克山病等）都有不同程度的线粒体数目、功能和形状的改变。如，在克山病患者中，线粒体肿胀，脊部稀疏/不完整；大鼠模型中肝硬化患者的线粒体变大肿胀，结构模糊扭曲，密度减小；肝癌细胞中线粒体的嵴的形态呈现片段化，而且数量减少，形成囊泡状线粒体；败血症患者有 2～3 个线粒体融合成大线粒体。

1.2.2 线粒体结构

线粒体是存在于大多数细胞中的细胞器，由两层膜包围。线粒体直径为 0.5～10μm，长度为 1.5～3.0μm。在真核细胞中，细胞的代谢水平会直接改变线粒体的大小。线粒体的化学成分主要包括水、蛋白质和脂质，并且还包含少量的小分子如辅酶和核酸。蛋白质约占线粒体干重的70%。线粒体膜的主体主要由不溶性蛋白构成，主要包含镶嵌蛋白和酶，可溶性蛋白则主要存在于膜的外周的相关蛋白以及基质中的酶中。线粒体膜间隙中的物质主要为线粒体脂质，约占线粒体干重的30%，其中磷脂占脂质总量的80%以上。不同的器官组织中线粒体的磷脂量含量几乎相同。

线粒体与其他细胞膜较显著的差异主要表现为心磷脂含量较高，而胆固醇却很少，同时还含有一定量的mtDNA、线粒体RNA（mtRNA）及一些辅酶等含量较少的物质。线粒体从内到外可分为四个功能区域：基质、线粒体内膜（inner mitochondrial membrane，IMM）、膜间隙及线粒体外膜（outer mitochondrial membrane，OMM）。线粒体、内膜向内折叠形成嵴，嵴可进行相关的生化反应。另外，基质被内膜包围，线粒体内膜和外膜之间为线粒体膜间隙。

（1）线粒体外膜

线粒体外膜（OMM）是围绕线粒体外表面的平整光滑的膜，厚度约5～7nm。OMM由50%的脂质和50%的蛋白质构成。OMM中的酶涵盖了整合蛋白，OMM具有2～3nm宽的通道，仅允许分子量小于5000的分子通过；对于分子量超过5000的分子，则需要识别特定的信号序列，并通过转运酶（translocase of the membrane，TOM）主动转运。线粒体外膜涉及的主要生化反应包括分解氧化性物质、延伸脂肪酸链、降解色氨酸生物等。

（2）线粒体内膜

线粒体内膜（IMM）被外膜包围，向内形成褶皱，构成嵴，由包围基质的单位膜构成，平均厚度为4.5nm。内膜将线粒体分成两部分，由内膜包围的基质部分为内腔，内膜和外膜之间形成的膜间腔为外腔。线粒体内膜中存在的蛋白质超过151种，其中蛋白质的量占线粒体总的蛋白质含量的50%以上，且其脂类和蛋白的比例为3∶7。嵴能显著扩大内膜表面积，嵴的内表面上布满了基粒，基粒的结构组成分为头部和基部。线粒体内膜的主要标志酶是细胞色素氧化酶，线粒体内膜是线粒体内生化反应进行的主要平台，主要由特异性载体转运中间代谢的物质（谷氨酸、DNA、特定的离子、蛋白质及磷酸），主要通过内膜转运酶（translocase of the inner membrane，TIM）运输中间或代谢产物。内膜的通透性较低，只允许分子量低于150的物质通过，而且选择性很高，可依托相关的载体蛋白实现线粒体内膜内外的物质的转移、交换。

（3）嵴

线粒体嵴为线粒体内膜折叠形成的结构，嵴的存在增大了线粒体内膜的表面积。对于不同类型的组织细胞，嵴的数量、形态及排列方式均表现出显著的不同，其中线粒体嵴的结构主要由嵴间腔、嵴内空间及基粒构成，嵴间腔主要是嵴与嵴之间的空间部分，嵴内空间由于嵴内部的凸起，外腔部分向内延伸与线粒体嵴内的腔相通。内膜和膜间质表面上存在基粒，每个线粒体约有 104 个基粒，基粒与膜表面垂直排列。基粒中含有 ATP 合成酶，可利用呼吸链电子传输中释放的能量使磷酸 ADP 的重要部分产生 ATP。因此，在能量需求较多的细胞中，线粒体嵴的数量也较多。基粒由头部、柄部和基片构成，头部是可溶性的 ATP 酶，既是合成酶又是水解酶，用于合成 ATP；柄部是对寡霉素蛋白，用于调节质子通道；基片是疏水蛋白，是质子的通道。

（4）基质

线粒体基质是被线粒体内膜和线粒体嵴围成的部分，空间内充满的主要物质为：mtDNA、相关的蛋白质和脂质及部分核糖体。其中苹果酸脱氢酶是线粒体基质的标志酶，同时也是参与三羧酸循环、氨基酸降解及脂肪酸氧化等生化反应的必需酶。

（5）转位接触点

线粒体内膜彼此之间有一些相互接触的部位，此部位膜间隙变窄成为易位接触点，内膜转位子是通带蛋白，外膜转位子是受体蛋白。易位接触点充当蛋白质和其他物质往返线粒体的途径。

1.3 线粒体融合与分裂

线粒体一般被描述为孤立的细胞器，随着现代三维细胞成像技术等检测手段的发展，越来越多的研究表明线粒体通过频繁融合与分裂（线粒体动力学）来连接细胞中立体管的动态网络。线粒体动力学决定线粒体形态，对保证细胞功能具有重要意义。

近年来，随着对线粒体研究的不断深入，研究者发现线粒体融合与分裂的动态平衡是生物体完成多种生理及病理修复过程的基础[14-16]。同时，线粒体可以通过循环的分裂和融合来清除受损和功能失调的线粒体，进而实现线粒体的质量控制[17]。

1.3.1 线粒体融合

线粒体融合的过程主要分为两类，分别是线粒体内膜（IMM）和线粒体外膜（OMM）的融合以及线粒体之间的融合，这两个过程几乎同时相互协调。在线粒体融合过程中，目前已知两种与动力学相关的诱导蛋白：视神经萎缩蛋白 1（optic atrophy1，OPA1）、线粒体融合蛋白 1/2（mitofusins1/2，Mfn1/2）。Mfn1/2 介导线粒体外膜融合，两种蛋白在结构和功能上非常相似。

线粒体融合过程主要包括三个步骤：

① OMM 上的线粒体融合蛋白 Mfn1/2 通过平行的反向调节拉近相邻两个线粒体的距离；

② 在三磷酸鸟苷酶（guanosine triphosphatase，GTPase）介导下，通过线粒体外膜融合蛋白 Mfn1 及 Mfn2 构成二聚体复合物从而确保线粒体外膜的融合；

③ 依赖 GTPase 通过 OPA1（即线粒体内膜融合蛋白）介导实现线粒体内膜的融合。

线粒体融合过程如图 1-2 所示[18]。

线粒体融合的分子调控机制高度规律。研究发现，线粒体融合中 Mfn1 比 Mfn2 强，OPA1 介导的融合对 Mfn1 的依赖性大于 Mfn2[19]。

Mfn1 和 Mfn2 主要由四个结构域组成：N 端保守 GTPase 催化结合结构域、疏水性七肽重复的 HR1 及 HR2 的结构域和位于 C 端的跨膜结构域。线粒体外膜融合蛋白 Mfn1/2 主要是通过疏水性七肽重复结构域偶联合成异二聚体，并通过 GTPase 水解介导线粒体外膜融合过程，在此过程中各个线粒体共享 mtDNA、代谢物和蛋白质。然而，细胞内 Mfn1 或 Mfn2 的缺失会导致线粒体碎裂成颗粒状，同时两者都没有融合功能，会导致线粒体碎裂更加严重，线粒体功能也受到严重损害。与此同时，Mfn2 具有调节能量产

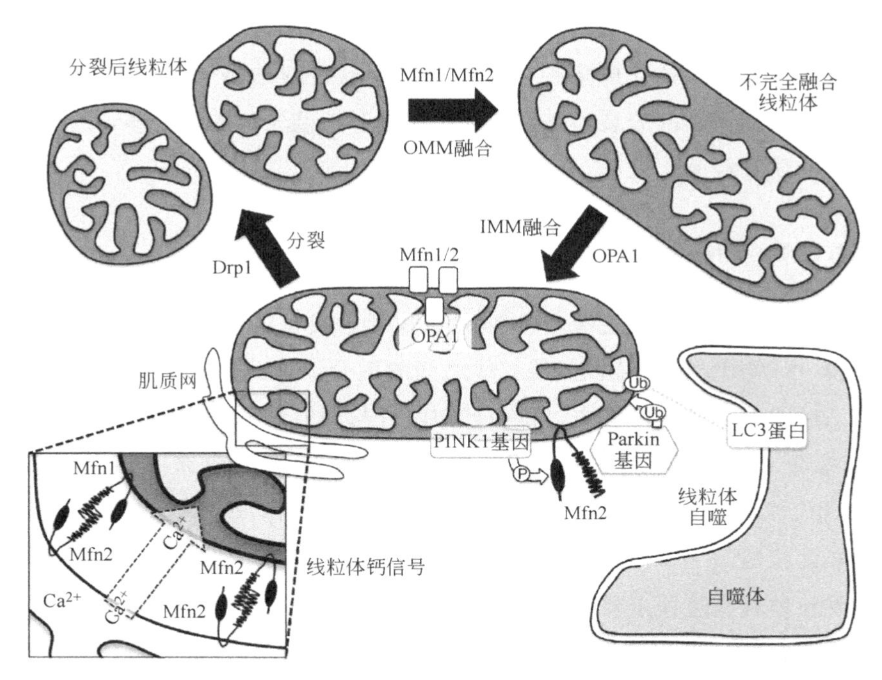

图 1-2 线粒体融合过程

Ub—泛素

生、线粒体内质网偶联和自噬等生理功能[20]。内膜融合是由位于线粒体内膜上的 OPA1 介导的。OPA1 是一种动态相关 GTPase 蛋白，它通过 N 端跨膜结构域锚定在线粒体内膜上，其三磷酸鸟苷 GTP、结合结构域和 GTPase 功能结构域均暴露于膜间隙。研究表明，线粒体间隙中的蛋白酶 OMA1 和 ATP 依赖性锌金属蛋白酶 YME1L 能在不同的位点裂解长型 OPA1（L-OPA1）并产生短型 OPA1（S-OPA1），此外 OMA1 和 YME1L 也能降解 OPA1[21]。细胞通过 L-OPA1 与 S-OPA1 的比值调节线粒体融合和嵴结构。线粒体融合产生管状或细长的线粒体，这些线粒体相互连接形成一个动态网络。然而，OPA1 的缺失不仅削弱了线粒体的融合能力，而且导致线粒体的断裂。研究表明，丢失或突变线粒体内膜融合蛋白的 OPA1，将会诱导线粒体片段化加剧，降低其膜电位，阻碍 ATP 合成，损坏线粒体结构，最终导致机体细胞严重的能量匮乏，严重时可导致细胞功能障碍[21]。线粒体融合可以交换线粒体物质，包括蛋白质、脂类等小分子。线粒体间

mtDNA、蛋白质、脂质和代谢产物的交换对维持线粒体的遗传和理化性质具有重要意义。这一过程有助于维持线粒体网络结构的稳态、增强内质网偶联及优化线粒体功能的表达，避免mtDNA突变在衰老过程中造成的损伤持续积累[22]。此外，线粒体融合还可以在阻止线粒体自噬时挽救一些受损的线粒体[23]，如图1-3所示[24]。

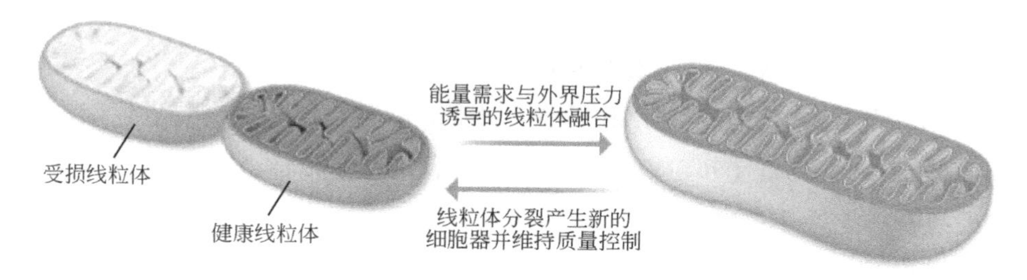

图1-3 融合修复受损线粒体功能示意

1.3.2 线粒体分裂

线粒体分裂是指有丝分裂的起始位置与线粒体内质网结构的偶联位置重叠，介导有丝分裂的相关蛋白不断累积，最终母线粒体切断，形成两个亚细胞器[25]。线粒体分裂可促进细胞增殖、活性氧产生和线粒体自噬等[25,26]。

介电性线粒体蛋白最先在酵母遗传筛选中发现，然后研究者在蠕虫网络中研究蛋白质功能，目前相关研究已扩展到哺乳动物细胞层次。哺乳类动物细胞中，线粒体动力学蛋白（mitochondrial dynamics proteins of 49 and 51 kDa，MiD49/51)、线粒体分裂蛋白1（fission protein 1，Fis1)、线粒体裂变因子（mitochondrial fission factor，Mff）和动力相关蛋白1（dynamin-related protein 1，Drp1）已被确定为哺乳动物线粒体分裂的主要调控因子。其中，Drp1作为促进线粒体分裂的主要蛋白，结构中没有明确的线粒体序列，其包含GTPase结构域、中枢结构域、可变结构域和GTPase效应器结构域（GED）四个结构域[27]。Drp1蛋白的作用方式与OPA1蛋白、Mfn1/2有显著不同，必须通过与特定受体结合才能介导线粒体分裂，且相关外膜蛋白和Drp1受体必须存在于线粒体的外膜内，这主要是因为Drp1不包含普列克底物蛋白（pleckstrin）同源域，无法与脂质直接相结合。研究发现[28]，Mff、Fis1 和 MiD49/51 可作为 Drp1 的受体。

线粒体主要通过被水解的 GTP 诱导 Drp1 从线粒体基质内向 OMM 进行转运，从而实现线粒体的分裂作用，其中 Drp1 的结构域与中枢结构域密切相关，可变结构域主要有泛素化、磷酸化及相关的被翻译后修饰的物质，通过调节线粒体的形态，从而适应外界环境的刺激。GED 为锚定所需的结构域及 GTPase 活性调节等的关键要素[29]。线粒体分裂的主要过程为：线粒体收到刺激信号后，首先通过外膜 Fis1 将分散在胞浆内的 Drp1 自行组装形成多聚体结构，随后将此结构转位至外膜，使其位于潜在分裂点位上，并且通过 GTP 变化角度和距离，此结构可与上述受体相结合直至线粒体被压缩断裂，如此循环往复。

近年来的研究表明[30]，Drp1 基因超表达将加速线粒体分裂，导致大量线粒体片段化；反之将 Drp1 或 Mff 基因敲除，线粒体分裂将会被抑制，大量长杆状线粒体产生。与 Drp1 蛋白相似，Mff、Fis1 和 MiD49/51 均与线粒体分裂相关[31,32]，其中，Fis1 过表达会导致大量片段化的线粒体产生，并能阻止线粒体伸长，进而导致细胞周期延长或停止，致使细胞衰老。Mff 也是一种嵌入外膜的尾部膜蛋白，不仅具有线粒体结合位点的作用，同时具有聚集 Drp1 转运至线粒体外膜的作用，能够活化 Drp1 促使线粒体进行分裂，进而调控分裂。上述 6 种蛋白质均可能通过这样的方式参与线粒体分裂机制，是调节线粒体分裂的重要分子。相反，Mdivi-1 是一种高效小分子线粒体分裂抑制剂，通过阻止 Drp1 自我组装以及抑制 GTPase 活性，从而快速可逆性地抑制网络状线粒体的形成。已有研究表明 Mdivi-1 的半抑制浓度（IC_{50}）为 10 μmol/L 且最高剂量为 100 μmol/L[33]。

总之，线粒体动力学是调节线粒体形态及功能的主要方式，正常情况下，线粒体的融合与分裂处于动态平衡状态，对细胞的生理活动具有非常重要的意义，而上述融合或分裂关键蛋白质的突变可导致线粒体动力学的紊乱，最终导致多种线粒体动力学相关疾病的发生与发展。

线粒体作为一种动态细胞器，在相关调控酶类的调解下实现形态、数量和运动的动态变化，并在不同的时期、不同组织或细胞生长周期中发挥着重要作用。此外，内外环境的各种刺激均可改变线粒体的数量、形态和分布。线粒体正常情况下主要为椭圆形、长管状和网状。不同形状的线粒体由于连续融合和分裂而保持动态平衡，线粒体动力学（融合和分裂）的相对速率决定线粒体的网络化程度，主要表现为：

① 线粒体融合和分裂的速率相同，则线粒体动力学相平衡，其数量和形态几乎相同；

② 线粒体分裂的速率大于线粒体融合的速率，则线粒体会破裂，片段化程度加剧；

③ 线粒体融合的速率大于线粒体分裂的速率，则线粒体网络化的程度会提高。

此外，在线粒体融合分裂过程中，其完整性依赖于线粒体膜结构的完整性，从而防止某些分子在膜中泄漏，进而导致细胞凋亡。在细胞凋亡的早期，线粒体的运动状态和形态结构可能已经被损坏，线粒体形态与线粒体细胞凋亡之间具有密切的相关性，线粒体形态会介导细胞凋亡的过程，而细胞凋亡的相关调控分子也会反过来影响线粒体的形态。

1.4 线粒体遗传及运动

线粒体疾病是一组多系统疾病，也称为线粒体细胞疾病，其中遗传缺陷导致线粒体代谢酶无法合成，ATP 合成受损，能量来源不足，线粒体疾病主要是由 mtDNA 突变、丢失及重复复制导致。截至目前，已鉴定出 50 多个 DNA 相关的病理突变和几百种 DNA 突变重排，同一突变的临床特征可能由于患者个体的差异性而具有不同的表现。

1.4.1 线粒体遗传

(1) 线粒体的遗传体系

线粒体的遗传体系 mtDNA 单独存在，且未被组蛋白修饰结合，它主要存在于线粒体的基质中或黏附在 IMM 上面。mtDNA 由数万乃至数十万对碱基对构成，主要产生的编码产物为 rRNA、tRNA 及蛋白质等。线粒体基因组主要由一条重链和一条轻链构成，以一条呈双链的环状或线状的形式存在，其中两条链各自编码各自的蛋白质。人类的线粒体基因组共计编码 37

个基因，mtDNA与细胞核DNA（nDNA）相比，几乎没有非编码序列。

（2）人类线粒体基因组特点

人类细胞中线粒体的含量一般为2～100个，每个线粒体包含2～10个mtDNA，一般呈轻链和重链构成的环状双链结构，长度达到16569bp，其中含有5523个密码子，主要存在于线粒体内膜或线粒体基质中。线粒体几乎无非编码序列，拥有37个编码基因，可编码12S rRNA及16S rRNA、22种tRNA（负责转运相应的氨基酸）和13种细胞氧化磷酸化功能有关的蛋白质（呼吸链复合物Ⅰ、Ⅲ、Ⅳ、Ⅴ的亚基）。线粒体基因中的DNA分子排列非常紧凑；基因内不含插入序列，无内含子，少侧翼序列；某些区域存在基因重叠。

（3）线粒体mtDNA和细胞核nDNA基因组的对比

线粒体mtDNA和细胞核nDNA基因组的比较，如表1-1所列。

表1-1 线粒体mtDNA和细胞核nDNA基因组

项目	细胞核nDNA基因组	线粒体mtDNA基因组
大小	约3.2×10^9bp	16569bp
DNA分子数	生殖细胞:23个; 体细胞:46个	每个细胞可达数千个
基因数	约25000个	37个
基因密度	约40000bp一个基因	450bp一个基因
内含子	大多基因有	没有
编码密码	约3%	约93%
遗传密码	正常密码	AUA:蛋氨酸;TGA:色氨酸;AGA和AGG:终止密码
结合蛋白	组蛋白,核小体非组蛋白	没有组蛋白
遗传模式	孟德尔遗传	母体遗传
复制	DNA聚合酶	DNA聚合酶
转录	每个基因转录	全线粒体基因组转录
重组	同源重组	没有发现群体水平重组

（4）线粒体mtDNA的遗传学特征

mtDNA所采用的遗传密码和通常密码截然不同，其中UGA编码的色氨酸不是终止型号，其属于半自主性复制方式，为母系遗传。密码子对于tRNA具有很强的兼容性，22个tRNA可识别超过48个密码子。mtDNA

会表现出“遗传瓶颈”的特征，具体表现为约100000个线粒体细胞在成人卵细胞中仅可恢复10～100个线粒体细胞。在这个过程中，细胞有选择地转移含有特定mtDNA的线粒体，在卵子发育为独立成熟的卵子过程中遗传瓶颈形成。

mtDNA具有高的突变率，相较于nDNA，mtDNA的突变率高达20倍左右，并且突变后的mtDNA具有增殖特性，能够参与细胞分化。mtDNA拷贝数在不同的细胞中、同一细胞的不同生长发育时期或不同外界条件刺激的情况下可表现出不同的动态调节特征。与此同时，mtDNA具有阈值效应，表现在突变型和正常的mtDNA之间偶联的相关性是细胞产生异常状况的主要原因，即相同的线粒体的突变体在不同的个体表现出较大的差异。

(5) 线粒体基因突变的类型

1) 点突变

大部分点突变发生在线粒体tRNA基因中。典型的线粒体点突变疾病包括：MERRF综合征、MELAS综合征。

2) mtDNA重排

mtDNA重排导致8～13不等的大片段的缺失。一些神经退行性疾病的神经细胞中存在着许多mtDNA缺失突变，大部分神经退行性疾病是由缺失突变引起的。

3) mtDNA拷贝数目突变

mtDNA拷贝数目突变主要指mtDNA的拷贝数目显著低于正常线粒体的拷贝数目，多数存在于肌肉衰竭、肾衰竭或乳酸中毒等患者中。

(6) 常见线粒体遗传病

1) Leber遗传性视神经病

其主要的临床表现为视力减退，逐渐导致完全失明。主要是由于编码蛋白质的基因中mtDNA突变，从而诱导疾病发生。其中相关线粒体的编码基因主要包括：*CO3*、*ND4*、*ND1*、*ND2*、*ND6*、*Cytb*、*CO1*、*ATP6*和*ND5*。

2) 基因突变

其中原发性突变*MTND4 * G11778A*突变和*MTND1 * G3460A*突变分别占50%左右和25%左右。

3）风样发作综合征（MELAS）

其症状主要表现为癫痫发作和中风样发作，并伴有阵发性呕吐症状以及视神经萎缩和共济失调，病理表现为肌膜下出现粗糙红纤维。

4）慢性进行性外眼肌麻痹（KS病）

其表现为进行性外部眼肌麻痹和视网膜色素变性。KS病并不表现出特定的母系或nDNA遗传方式，患者mtDNA数量和结构均产生较大的变化，导致其mtDNA复制异常或片段丢失等特征。大约1/3的KS病例与4977bp缺失有关，病人往往伴有间隔结构和tRNA基因的缺失。

5）母系遗传糖尿病伴耳聋综合征（MDD）

MDD是由mtDNA突变引发的糖尿病，在糖尿病患者中占据的比例约为15%。大多数MDD先证者都有母系家族糖尿病史，其中60%以上表现为tRNA（Leu）UUR *A3243G* 突变，其次为tRNA（Leu）（UUR）的 *T3264c* 和 *T3271c* 突变。

6）遗传缺陷型糖尿病

糖尿病的一种新的遗传缺陷则是mtDNA的基因突变，占总人口1.5%的人发现具有此种基因突变并导致遗传缺陷型糖尿病。目前，线粒体基因突变中导致糖尿病遗传缺陷的基因有20多个。tRNA是最容易突变的基因之一，具有3243个突变的基因位点，可以介导胰岛素细胞分泌胰岛素，其中糖尿病人群占线粒体突变疾病患者的50%。

（7）核基因突变引起的遗传性线粒体疾病

这类疾病的分类较为复杂，主要是由X连锁性、常染色体显性遗传和常染色体隐性遗传引起的。机理表明，核基因突变导致的线粒体疾病可诱导mtDNA片段缺失、呼吸链变化异常、铁离子异常代谢、线粒体动力学及转运异常、线粒体辅助蛋白CoQ合成酶的基因的表现异常和线粒体凋亡自噬异常等。

nDNA突变导致的线粒体相关疾病，例如线粒体蛋白运输缺陷，鸟氨酸转氨酶（*OAT* 基因）缺乏，常染色体阴性遗传（AR）；丙酮酸脱氢酶复合物（*PHDFA1* 基因）缺陷，X染色体隐性遗传病（XR）；腺嘌呤核苷转运蛋白缺陷，底物运输缺陷。

核基因突变所致的线粒体病如表1-2所列。

表 1-2 核基因突变所致的线粒体病

机制	基因	遗传模式	临床表型
线粒体 DNA 大片段缺失	*TP*	AR	线粒体神经肠胃脑肌病(mitochondrial neurogastrointestinal encephalopathy disease,MNGIE)
	ANT1	AD	慢性进行性眼外肌麻痹(chronic progressive external ophthalmoplegia,PEO)
	TWINKLE	AD,AR	进行性眼外肌麻痹(PEO)、脊髓小脑萎缩(spinocerebellar ataxia,SCA)
	POLG	AD,AR	进行性眼外肌麻痹(PEO)、帕金森病(PD)
线粒体 DNA 缺失	*POLG*	AR	Alpers 综合征
	TK2	AR	线粒体肌病(mitochondrial myopathy,MM)、脊髓型肌萎缩(spinal muscular atrophy,SMA)
	SUCLA2	AR	Leigh 综合征
	DGUOK	AR	Alpers 综合征
	MPV17	AR	Ipers 综合征
呼吸链复合物功能缺陷	*NDUSFX*	AR	Leigh 综合征、GRACILE 综合征
装配因子功能缺陷	*NDUSFX*	AR	Alpers 综合征
	SDHA	AR	Alpers 综合征
	BCSIL	AR	Alpers 综合征
	SURF1	AR	Alpers 综合征
	SCO2	AR	Alpers 综合征、肥厚型心肌病、神经病变
	COX15	AR	肥厚型心肌病、Alpers 综合征
辅酶 Q 合成缺陷	*ATP12*	AR	
	COQ2	AR	线粒体脑肌病、肾小管病、共济失调
	PDSS2	AR	线粒体脑肌病、肾小管病、共济失调
线粒体运动缺陷	*KIF5A*	AD	痉挛性截瘫
线粒体融合异常	*MFN2*	AD	腓骨肌萎缩症 2A 型(charcot-marie-tooth2A,CMT2A)
	OPA1	AD	视神经萎缩
线粒体分裂异常	*DLP1*	AD	小头畸形、视神经萎缩、如酸性酸中毒
线粒体自噬异常	*PINK1*	AR	帕金森病(PD)
	PARKIN	AR	帕金森病(PD)

注：AD 表示常染色体显性遗传；AR 表示常染色体阴性遗传。

1.4.2 线粒体运动与线粒体动力学

线粒体作为真核细胞内“能量工厂”，会随着细胞的不同生理状态而发生改变，与细胞能量供应、Ca^{2+}浓度及凋亡有着密切的相关性。线粒体的合理分布和机体正常发育有密切关系，涉及线粒体的运动及固定。线粒体作为对运动刺激高敏感的细胞器，主要通过调控线粒体质量来改善线粒体功能，而线粒体动力学是线粒体质量维护的关键因子。因此，线粒体的分裂、融合与运动有着密切的相关性，其中细胞骨架和线粒体的动力学介导的相关蛋白质是关键的调控因子，具有非常重要的意义。

线粒体的运动包括顺行和逆行的运动，其中顺行运动为由细胞核向外膜的运动，而逆行运动则是由细胞外膜向细胞内部的运动。神经细胞是高度分级化的细胞，对线粒体的运动具有非常高的敏感性，常用作线粒体的模式系统。膜电位在神经细胞内线粒体的分布主要被能量代谢需求调控，进而诱导线粒体运动及固定。有研究表明[34]，聚集在轴突蛋白合成位点等活跃生长点附近的线粒体与其他位置的线粒体相比，膜电位会增加，进而进行顺行的运动；相反的，逆行运动则表现为线粒体的 ATP 合成和膜电位降低。然而线粒体动力学与线粒体运动的协同耦合机制还需要进一步探索。

在细胞中，线粒体运动的细胞骨架轨道主要包括微管、微丝（肌动蛋白纤维）和中间丝，其不但为神经元提供结构骨架，而且还促进细胞的运输和固定。其中，微丝主要由球状肌动蛋白单体（G-actin）组成，按照从头到脚的排列方式，成为具有生化上正负极性的微丝，两端具有不同的生长速度，并可形成双螺旋纤维型肌动蛋白（F-actin）。相关研究发现，Myosin 家族（Ⅰ、Ⅱ、Ⅴ、Ⅵ）是一种重要的马达分子，主要负责线粒体在微丝上的运动，但其具体的调控机制仍然不是十分清楚。微管主要由微管蛋白单体构成，一般具有平行极化的排列方式，单体延伸到基质中形成圆柱形多聚体。微管的排列方式包括平行和反平行（图 1-4）[35]，不仅使微管与肌动蛋白纤维结构更为稳固，且对线粒体马达蛋白（kinesin 和 dynein）与微管的结合运动具有关键的作用。研究表明[36]，被微管结合蛋白（microtubule-associated protein，MAPs）修饰（tau 蛋白）的微管，当 kinesin 遇到 tau 时倾向于自身分解，而 dynein 则会反向运动，因此，kinesin 比 dynein 对 tau 浓度更加敏感。

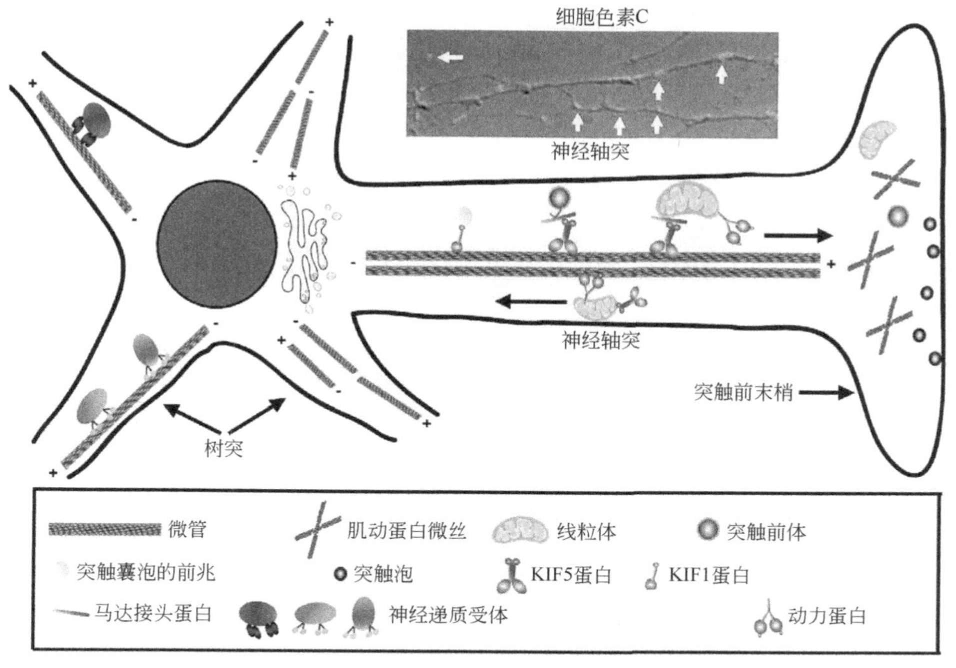

图 1-4 微观在神经细胞中分布示意[38]

在正常生理状态下，低浓度的 tau 细胞体和高浓度的突触末端有利于驱动蛋白结合到微观细胞体，并有助于驱动蛋白以顺行运动的方式释放。但在神经系统疾病中，例如 AD 患者中，细胞体内积累大量的 tau 蛋白，进而阻止驱动蛋白从线粒体运输到突触。中间丝（intermediate filament，IF）主要分布在细胞核，并无极性之分，是最稳定的细胞骨架结构，同时也是线粒体的结合位点，结构包含的内容物有：波形蛋白、角蛋白和神经丝。相关研究表明[37]，*BCL-2*（B 淋巴细胞瘤-2 基因）、IF 蛋白、波形蛋白均可诱导改变线粒体形态、抑制 kinesin 招募、修复 desmin 突变中线粒体缺陷，以及参与并抑制线粒体运动。

线粒体运动有关的马达蛋白主要有肌球蛋白（Myosin）、驱动蛋白（kinesin）和动力蛋白（dynein）三类，衔接蛋白 miro、syntabulin 和 milton 可以连接线粒体和马达蛋白。其中，kinesin 马达是由两条重链和两条轻链组合成的二聚体蛋白质，重链包括一个 ATP 水解位点和一个微管结合点位，轻链连接成尾部域（图 1-5）；dynein 马达包括轴丝动力蛋白（axonemal dynein）和胞质动力蛋白（cytoplasmic dynein），其分子量为 1.5×10^6，包含 12 个多肽亚基、两条重链和相当数量的中等链条，具体形态图如 1-6 所示。

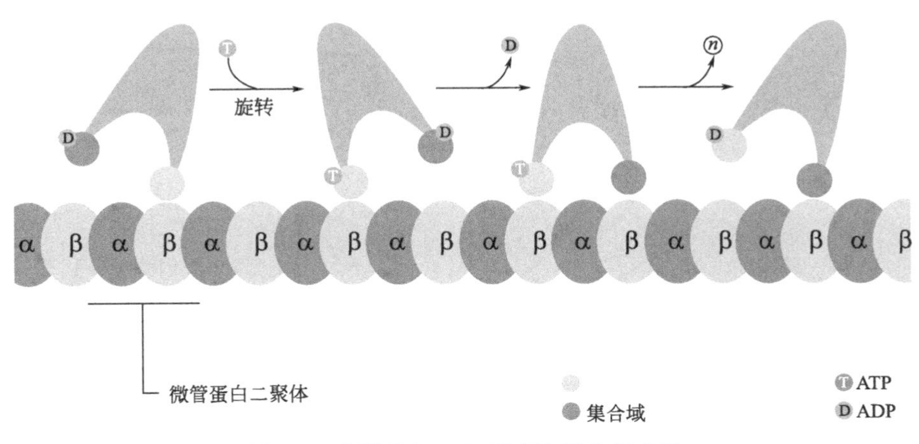

图 1-5　典型的 kinesin 形态和运动模式图

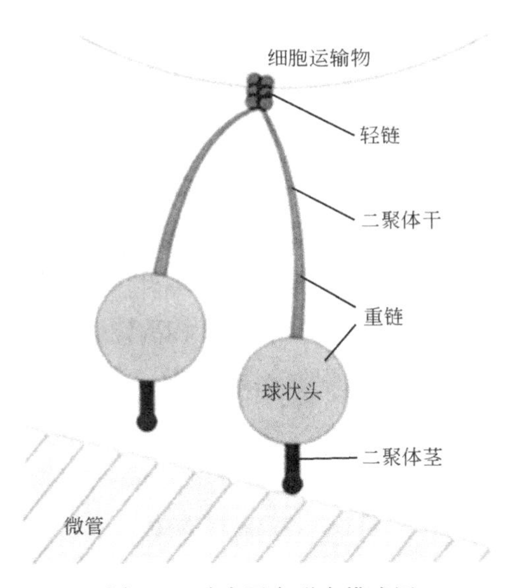

图 1-6　动力蛋白形态模式图

动力蛋白激活蛋白（Dynactin）对 dynein 的功能具有关键的调控作用，可将胞质 dynein 和微管相连接，并增强其在微观上的持续合成能力。研究表明[39,40]，kinesin 和 dynein 这两种作用相反的马达之间存在一定的协同作用机制，二者究竟如何与神经元细胞协同控制线粒体的运动，都需要进一步的探究；Myosin 马达是一个双头马达，主要负责短距离的运输，包含独特的球状尾部域。Myosin V 可以与 dynein 马达和 kinesin 马达键合形成新的马达复合物，结合位点位于轻链上，生成的新的异源复合物相互作用来介导线粒体在骨架结构上的运动。

连接线粒体和马达的连接蛋白的衔接蛋白主要包括：外周膜结合蛋白（syntabulin）、milton 及 miro。其中，syntabulin 通过驱动蛋白 1 的囊泡和 kinesin-1 与微管连接，通过 C 末端尾巴可以连接线粒体，并在线粒体顺行中起着重要的作用，当其通过存在 kinesin 的共同区域，可以为信号传导提供条件。因此，syntabulin 是连接线粒体和 kinesin 的关键蛋白，在介导线粒体顺行运动中具有关键的作用。milton 是线粒体运输的另一种连接体，是果蝇线粒体中与 Grif-1 同源的连接蛋白。miro（mitochondrial Rho-GT-Pase）负责 KHC 上的 milto 与线粒体的连接。研究表明，kinesin 中的 KIF5 募集和线粒体运输无关的 kinesin 轻链，但 kinesin 轻链可以阻止 KIF5 连接。同时，最近的研究表明，PINK1 是另一种重要的线粒体蛋白质，是一类主要分布在线粒体外膜中的激酶，可以促进线粒体分裂并抑制线粒体融合。PINK1 蛋白缺乏会阻碍线粒体的运动，并与 milton-miro 协同作用进而调控线粒体动力学（图 1-7）[41,42]。

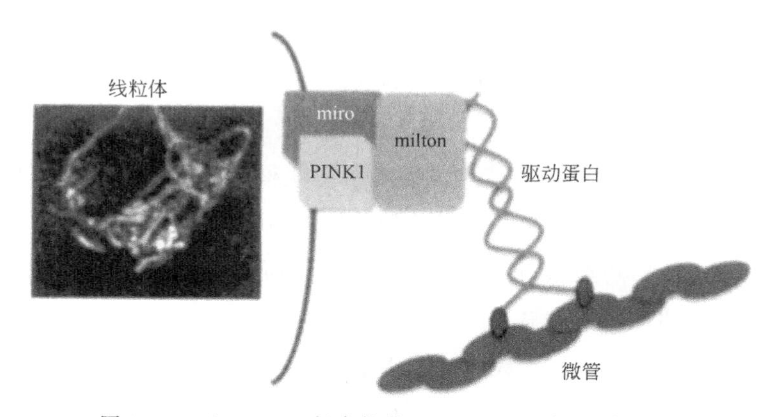

图 1-7 milton-miro 复合物将 kinesin 连接到线粒体示意

大量研究证明，运动可以增加线粒体质量，因此运动引起的线粒体动力学是当今研究的热点。研究表明[43]，正常人一次骑行 24h 后，人类骨骼肌的 PGC-1α 线粒体融合蛋白中 Mfn1 和 Mfn2 mRNA 表达显著提高。骨骼肌细胞中，与对照组相比较，运动处理后的小鼠在OPA1和Mfn1 mtRNA的表达显著增加。然而，也有研究发现[44]，急性运动过程中，运动120min的小鼠骨骼肌Mfn2表达却显著降低，而分裂蛋白Drp1的表达却显著升高。因此，线粒体相关体动力学机理尚不完全清楚，可能与运动方式、强度及研究对象差异密切相关。尤其是运动引起的线粒体动力学的响应机制更加不清楚，对于由运动引起的线粒体融合/分裂的影响甚至截然相反，因此，深入探讨运动引起的线粒体动力学的对应变化规律及响应机制具有重要的意义。

1.4.3 运动对不同组织线粒体动力学的影响

线粒体运动的研究对象主要集中在酵母、线虫和果蝇上，哺乳动物的研究大多与生物学病理学有关。线粒体在不同组织中的形态和功能不同。因此，研究线粒体在不同组织中的动态变化，对于揭示不同类型组织中细胞的生理调控机制具有重要的意义。

（1）脂肪组织

脂肪组织过量积累及异常分布可诱导肥胖的发生发展。导致肥胖的原因可能是热量过多或代谢水平下降，其中*Lyrm1*基因是异源基因，其表达可以调控腹膜脂肪组织，当组织内的脂肪细胞含量高时，脂肪细胞可诱发机体损伤和功能障碍，并抑制胰岛素摄取葡萄糖，最终导致肥胖的发生。线粒体是脂肪氧化的主要部位。在对脂肪细胞的研究中发现，实验小鼠经过6周中等强度跑台运动后，线粒体分裂/融合的相关蛋白表现出较大的变化，其中线粒体Mfn1、Mfn2和Fis1蛋白的表达水平获得提高，而Drp1蛋白的表达水平出现减少。此外，在8周的运动的外界刺激情况下，融合蛋白Mfn1蛋白在相对肥胖的脂肪细胞中的表达水平减少，而Drp1表达则明显增加，血浆中苦参碱甘油酯的浓度显著降低，展现出显著差异性[45]。

经过老化和耐力训练，线粒体蛋白和Drp1蛋白的表达也会提高，表明运动后线粒体动力学变得更加活化，从而达到了适当水平的线粒体动力学动态平衡，但是线粒体受损，脂肪细胞分解和融合失衡，超级大鼠中观察到细胞出现异常的合成、降解和机体能量代谢[46]。以上研究表明，运动是线粒体动力学在基因和蛋白质水平上重要的调控因子，并对Mfn1影响更明显，但是表达不同或移动不同，结果也不同，Mfn1及其相关蛋白在脂肪细胞中的作用有待进一步研究。

（2）心肌组织

心衰可诱导线粒体动力学的失衡，线粒体分裂增加，导致线粒体片段化加剧。心肌线粒体动力学与运动的相关研究较少，且多集中在近几年。心脏作为一个氧耗较高的器官，在心肌细胞中的线粒体是丰富的，可以通过磷酸的氧化为心肌细胞产生能量。有研究表明[47]，心肌线粒体动力学在控制心肌细胞发挥功能方面起着关键作用，主要体现在清除肿瘤基因过程中：在DJ-1正常培养和缺氧的情况下，使用延时病毒敲除对应的肿瘤基因。在相关研究中，对心梗大鼠在无干扰因素情况下进行检测，发现其Fis1蛋白表达增加，Mfn2表达降低；对大鼠进行运动训练后，对上述两种物质的表达水平进行检测，得Fis1和Mfn2蛋白表达显著降低。因此，心衰可诱导心肌线粒体动力学失去平衡并趋向分裂，但运动可帮助对抗线粒体分裂[48]。通过对急性大负荷运动对大鼠心肌能量代谢的影响进行研究，结果表明，运动可介导Drp1蛋白表达的显著增加，而Mfn2显著下降，即线粒体分裂加剧、融合能力却下降[45]。表明急性运动过程可导致心肌线粒体趋向分裂，导致线粒体片段化加剧。

线粒体动力学参与了各种疾病的发展，如心肌梗死、心脏衰竭、高血压、缺血性心脏病等[24]。与心肌组织有关的疾病运动对心肌线粒体动态的影响需要进一步研究，从而为心血管疾病的靶向治疗提供理论依据。

（3）脑和神经组织

AD患者的神经元细胞中线粒体呈现不同的分布状态，其中突触线粒体的密度显著降低，线粒体相关的分裂蛋白Drp1和Fis1的表达显著增加，且Drp1于ser616点位的磷酸化水平也显著增加，而OPA1蛋白和Mfn1/2蛋白的表达显著降低，进而导致线粒体的形态和结构产生了显著的改变，呈现片段化加剧的状态，表明线粒体在神经元中的异常分布是由线粒体动力学失衡引起的，AD起着重要作用[49]。

（4）骨骼肌细胞

线粒体动力学是骨骼肌细胞维持正常功能的关键因子，运动会导致骨骼肌能量代谢紊乱，进而影响线粒体的动态平衡，最终导致骨骼肌运动能力下降，有关实验显示，线粒体的融合会导致骨骼肌功能的障碍。研究表明[45]，急性运动后，股外侧肌 Mfn1/2 *Mrnade* 基因表达显著增加，且常人耐力训练后 Mfn2 蛋白表达具有升高适应性。对大鼠的耐力训练的研究发现 OPA1 和 Mfn2 蛋白表达显著提高，且线粒体缺乏 OPA1 基因，生物出现耐受。Molina 等[50] 的研究发现，心衰射血分数正常的患者骨骼肌线粒体动力学与运动摄氧量具有密切相关性，线粒体融合能力对摄氧量的保持具有重要的意义。因此，线粒体融合蛋白 Mfn2 对运动或阻抗训练适应性有促进作用，而肥胖大鼠等的骨骼肌线粒体融合能力降低，但运动可以减缓这种趋势。

总体上，不论酵母还是哺乳动物，运动可以促进骨骼肌线粒体融合，融合有利于维持线粒体功能和自我修复机能提高，从而有利于 ATP 合成。相反，当线粒体融合能力受损时，将诱导线粒体膜电位、三羧酸循环及电子链传递受阻，损伤 mtDNA，线粒体无法修复，进而 ATP 合成受阻。因此，通过提高融合活性来改善线粒体融合的动态平衡。通过适当的运动干预提高线粒体融合强度反映了亚细胞运动控制慢性病的机制。

1.5 线粒体动力学及其应用

线粒体是细胞的主要供能细胞器，被称为“能量工厂”。线粒体动力学是 21 世纪的一门新兴学科，其主要内容是：线粒体是高度动态的细胞器，处于不断融合和分裂的过程中。线粒体动力学参与细胞的分裂、细胞凋亡及离子转运等生命活动的调控。因此，线粒体的质量控制具有至关重要的作用。同时，线粒体通过动态的分裂和融合实现线粒体的网络化平衡。

1.5.1 线粒体动力学的机制

线粒体动力学通过介导线粒体的融合和分裂来实现对线粒体形态、数量、分布和功能的调控。线粒体以两种相反的方式调节自身形状：当融合增加或有丝分裂减少时，线粒体形成细长的管状结构；当融合减少或有丝分裂增加时，线粒体呈颗粒状结构。线粒体的融合和分裂可由高度保守的 GT-Pase 蛋白家族调控，该家族通过 GTP 的自组装和水解来重塑线粒体内外膜。线粒体通过调控融合蛋白（Mfn1、Mfn2、OPA1）和分裂蛋白（Drp1

和 Fis1）参与细胞分裂、融合的动态过程。其中，线粒体融合可分为线粒体外膜融合和线粒体内膜融合两部分，GTPase 蛋白 Mfn1 和 Mfn2 调控线粒体外膜的融合，OPA1 蛋白负责线粒体内膜的融合。Drp1 介导线粒体的分裂，其分子量为 80000，主要存在于细胞的基质中，构成线粒体外部的环状结构。依托内质网-线粒体接触点进行收缩，通过未知的机制将功能异常的蛋白质分离到某一个区域，形成两个新的线粒体。线粒体分裂可实现线粒体物质重新分配、细胞色素 C（CytC）释放、细胞凋亡、线粒体降解，而线粒体融合测试通过互换线粒体基质中物质来修复损伤线粒体及促进线粒体生物学平衡，两者的平衡对于线粒体质量控制具有关键的作用，并对线粒体相关疾病具有显著的调控作用。

1.5.2 线粒体动力学与细胞凋亡

细胞凋亡和线粒体动力学之间存在密切联系。有研究表明，在被 caspases 激活之前，相关蛋白 Bax（*BCL-2* 蛋白家族成员）、Drp1、端粒蛋白 B1（Endophilin B1）在细胞凋亡早期从胞质转移到线粒体易发生分裂的断裂位点，从而介导线粒体进行分裂[51,52]。同时，下调内膜融合蛋白 OPA1 可阻止线粒体融合，导致线粒体片段化并且重构线粒体嵴，从而介导 CytC 自发释放并介导细胞凋亡。对线虫的研究发现，线虫细胞死亡的过程中会产生大量的线粒体片段[53]。反之，抑制 Drp1 活性，不但会促进线粒体融合，而且会抑制激活 caspases，进而抑制细胞凋亡的过程[7]。下调线粒体融合蛋白 Mfn1 和 Mfn2 表达，会使线粒体分裂受阻，进而抑制细胞凋亡的进程。综上表明，线粒体分裂/融合参与了细胞凋亡调控，具体线粒体动力学与细胞凋亡模式如图 1-8 所示[54]。

（1）线粒体分裂与细胞凋亡

Drp1 和 Fis1 是关键的分裂蛋白，主要调控线粒体分裂过程，进而诱导线粒体形态的改变，并参与细胞凋亡的调控。研究表明：将人类结肠癌细胞中 Drp1 的表达下调，会导致 CytC 释放，进而导致细胞凋亡[55]。小鼠和大鼠的实验研究均表明，Drp1 敲除或抑制均可防止 Sence 诱导的细胞凋亡及阻碍 CytC 依赖的线粒体凋亡[56]。以上均表明，Drp1 介导的线粒体分裂在细胞凋亡的生理过程中起着关键的调控作用。

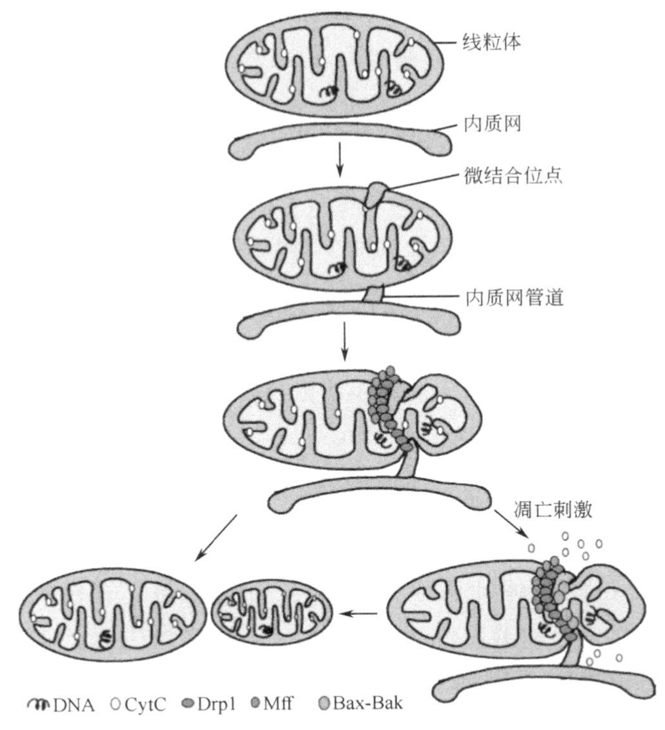

图 1-8 线粒体动力学与细胞凋亡模式

线粒体通过分裂蛋白介导的线粒体细胞凋亡过程主要为以下几步：

① ER 相关线粒体分裂（endoplasmic reticulum related mitochondrial fission），即线粒体被内质网包裹，并标记线粒体分裂位点[57]；

② Drp1 诱导由 tBid 导致的 Bax 寡聚化，进而在膜半融合中间体的产生过程中释放 CytC，启动细胞凋亡进程[58-60]。

细胞凋亡早期，Drp1 在去磷酸化后被募集到线粒体外膜，并触发线粒体分裂，同时定位在线粒体的分裂点位，从而参与细胞凋亡的进程，该过程不论酵母还是人类都是高度保守[61]。相反，RNA 干扰抑制的 Drp1 表达、Drp1 缺失或者 Drp1 突变体（K38A）及化学抑制剂均可以影响 CytC 释放及线粒体片段化的产生，进而延缓线粒体凋亡进程[61,62]。其中，CytC 作为诱导细胞凋亡的关键调控因子，由于其在无外界刺激的情况下，定位在线粒体嵴与内膜接触的区域，从而抑制了 CytC 的释放。然而细胞凋亡早期，通过抑制 Drp1 可防止由 Bid 和 Bik 的 BH3 结构域识别导致的线粒体嵴与内膜接触域的扩张，进而刺激 CytC 释放促进细胞凋亡进程[62]。

与 Drp1 相似，Fis1 与 Drp1 相互作用，可促进线粒体片段化增多、ROS 过量生成、膜电势降低，甚至会使得细胞对许多凋亡药物失去敏感性。相反，如果在病理刺激的情况下，下调或阻断 Fis1 介导的线粒体分裂，则会减少 Bax 和内质网上 Bap31 转移，抑制其产生促细胞凋亡的 p20Bap31，进而减少细胞凋亡，提高细胞存活率[63-66]。除此之外，另一些线粒体分裂相关蛋白 Mff 和 MiD51 等均会协调 Drp1 介导分裂线粒体，导致线粒体片段化加剧[67,68]。研究表明通过 Drp1 等相关线粒体分裂蛋白，可诱导线粒体的分裂过程进展，进而在细胞凋亡进程中起着至关重要的作用。

（2）线粒体融合与细胞凋亡

与细胞分裂相反，抑制线粒体融合同样会诱导细胞凋亡。研究表明[69]，线粒体融合蛋白 Mfn1 和 Mfn2 在线粒体应激情况下的降低会使细胞对凋亡更加敏感，进而促进细胞的凋亡进程，表明细胞凋亡受线粒体融合蛋白 Mfn1 和 Mfn2 蛋白表达水平的调控。其中，Mfn2 的高表达可诱导 Ca^{2+} 从内质网转至线粒体（图 1-9）[38]，进而促进 CytC 及激活 caspase-3 酶释放，加速肝癌细胞的凋亡进程[70]。与此同时，另一种线粒体融合蛋白 OPA1，不仅在线粒体嵴生成重塑和内膜融合过程中起着关键的调控作用，同时在细胞凋亡过程中也起着至关重要的作用。OPA1 主要通过寡聚化形成寡聚体调控线粒体嵴生成，进而调控 CytC 的释放程度，最终调控细胞凋亡的进程[71]。高表达 OPA1 会抑制病理诱导的线粒体细胞嵴、降低 CytC 的释放、减少线粒体损伤破坏以及降低高能量需求器官对细胞凋亡的响应，进而防治心脑血管疾病等细胞凋亡[72]。研究表明，OPA1 可保护细胞免受凋亡刺激物诱导，具有抗凋亡功能[73]。相反，在凋亡刺激物的情况下，细胞内 OPA1 将被剪切和降级或缺失，诱导异常线粒体嵴进行重塑，促进 CytC 的释放，进而导致细胞自发凋亡[74]。与此同时，仅含 BH3 结构域蛋白孵育后，以 Bax 或 Bak 依赖性方式产生的 Bnip3 将与 OPA1 协同作用，加速分解 OPA1 复合物，进而导致线粒体嵴重塑及线粒体片段化加速，触发 CytC 从嵴间隙中转移到线粒体内膜中，随后通过线粒体外膜释放至细胞质中，进而引发细胞死亡[75]。由此可见，在细胞凋亡的过程中，OPA1 起着至关重要的作用，且高表达可降低细胞凋亡的敏感性，起到抑制细胞凋亡的作用。

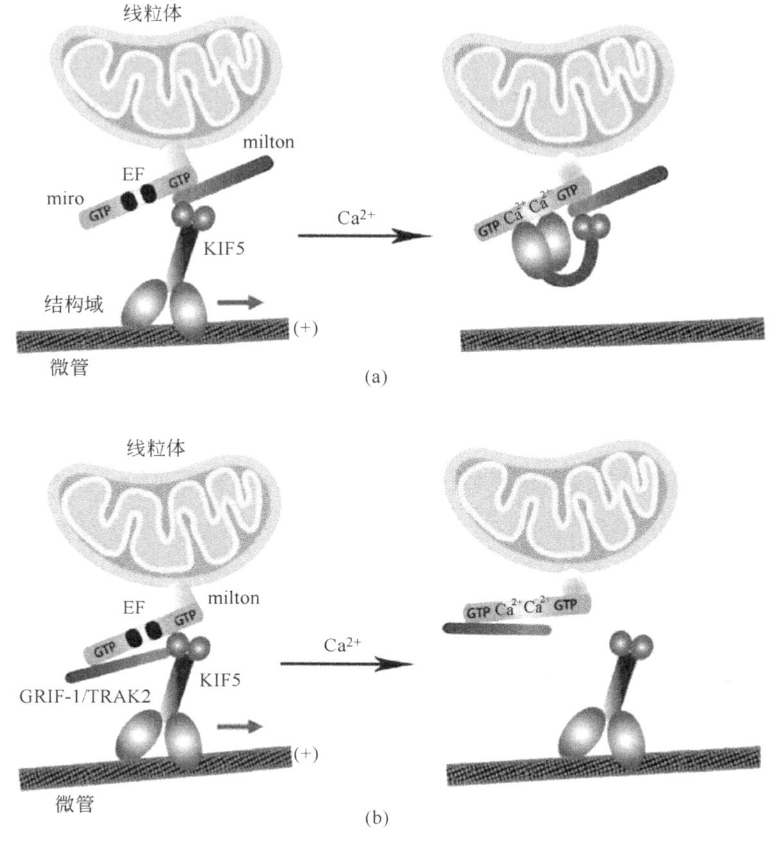

图 1-9 Ca^{2+} 调节线粒体迁移模型示意

(3) 内质网-线粒体接触调控细胞凋亡

内质网是细胞内非常关键的另一种细胞器，通过电子显微镜和断层扫描电镜观察，发现内质网和线粒体间为三维化的结构接触，这种三维化接触结构同时启动线粒体的分裂程序，且线粒体外膜完全被内质网包围，导致线粒体接触点位被收缩。线粒体与内质网接触的同时，会促进 Drp1 受体 Mff 在 ER 和线粒体接触位点聚集，并引起 Drp1 从细胞基质中向内质网-线粒体接触点位聚集，最终导致线粒体分裂[51]。尽管线粒体的收缩不依赖于 Drp1，即基于 RNA 抑制 Drp1，但其仍然会导致线粒体的分裂，这种收缩接触仍然会实现线粒体和内质网之间的 mtDNA 等物质的交换及两者之间的信号传递[71]。在线粒体分裂过程中，mtDNA 分裂前将实现复制，随着线粒体分裂平均分配到子代线粒体中，进而实现在整个线粒体分裂过程中 mtDNA 的动态位置变化，并在分裂结束后，分布在远离分裂点位的位置上。由此表明，线粒体的mtDNA的动态变化与内质网-线粒体接触密切相关，并促进Drp1聚集到接触点位，进而促进CytC释放，进而导致细胞的凋亡[76]。

综上所述，线粒体动力学是调控细胞凋亡的关键因素。

① 线粒体分裂蛋白Drp1和Fis1通过与Bax及Bak共定位，并从基质中转运至内质网-线粒体接触位点形成的分裂点位，诱导CytC释放或抑制呼吸复合物，进而介导细胞凋亡进程。

② 线粒体通过提高分裂或抑制融合，导致大量片段化线粒体产生，均发生在线虫生长发育过程和哺乳动物的细胞凋亡过程中，成为动态调控细胞凋亡的重要特征。然而，线粒体自身的形态改变并不意味着细胞凋亡，但细胞凋亡的过程中却伴随着细胞形态结构的改变，因此，线粒体动力学介导的细胞凋亡还需要进一步研究，探索细胞凋亡与线粒体动力学的协同耦合作用，对揭示线粒体调控的凋亡机制具有重要的意义。

1.5.3 线粒体动力学与疾病产生发展

线粒体是一种高度动态的管状网络细胞器，线粒体功能特性与线粒体动力学密切相关，通过融合、分裂运动和细胞骨架连接维持形态稳定[77]。线粒体不仅与机体的正常发育密切相关，而且会随着不同生理状态而发生不同的改变。线粒体的融合和分裂与细胞代谢、增殖、凋亡等功能密切相关[78]。线粒体通过融合过程增加了线粒体之间的相互协同作用，使基质蛋白和mtDNA通过网络结构进行物质信号互换[78]。相反，线粒体分裂则是通过自噬保证线粒体功能完整性[74]，如图1-10所示[24]。正常情况下，线粒体的融合和分裂处于平衡状态，一旦失衡将诱导线粒体形态发生改变，进而导致线粒体功能紊乱。在病理因素的刺激下，线粒体与炎症、糖尿病、心脑血管疾病及肿瘤等多种疾病密切相关[79]。

(1) 线粒体动力学的调控及其与炎症反应的相关性

1) 炎症反应

炎症（inflammation）是指机体阻碍外界病原微生物入侵产生的生理反应，可促进损伤细胞核组织的修复，并阻止其进一步损伤[80]。炎症可分为急性炎症和慢性炎症。急性炎症是机体对感染和组织损伤的一种快速反应，

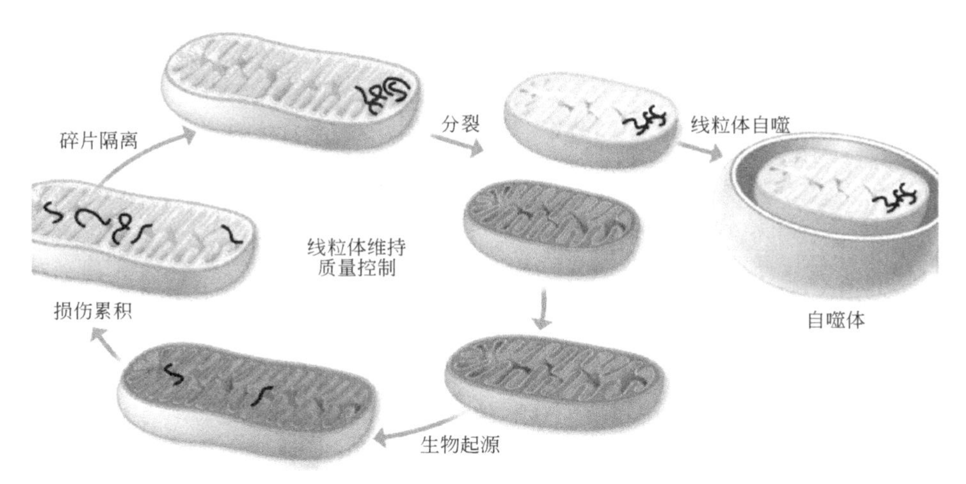

图 1-10 自噬维持线粒体功能完整性示意

持续时间短，主要是嗜神经细胞浸润。然而，致病性慢性炎症仍然鲜为人知，一般认为其与组织功能障碍密切相关。炎症的发生和发展与许多化学因素密切相关，这些化学因素被称为化学介质或炎症介质。在炎症发生发展过程中，血浆和细胞均可产生许多炎症介质。炎症的病理过程的发展与线粒体的功能密切相关，线粒体可调控先天性免疫细胞的炎症反应，同时还可以作用于炎症介质。许多炎症介质也能影响线粒体的融合和分裂过程，进而介导线粒体的结构和功能的改变。

2）炎症环境对线粒体融合和分裂的影响

炎症介质可诱导线粒体进行融合与分裂，介质主要包括活性氧簇（reactive oxygen species，ROS）、一氧化氮（nitric oxide，NO）、白细胞介素（interleukin，IL）及 TNF-α[81]。

首先，线粒体分裂蛋白 Drp1 与炎症介质的作用机制主要为：当线粒体功能失调或线粒体损伤时，ROS 的生成与消除失去平衡，导致大量的 ROS 聚集，使得细胞处于氧化应激状态[82]。这种 ROS 聚集可诱导 Drp1 活化，进而使得线粒体片段化加剧。与此同时，有研究表明敲除 Drp1、加入抑制剂 Mdivi-1 或 ROS 清除剂后可抑制或减少 ROS 生成。Drp1 也可以被 NO 活化促进线粒体分裂。NO 作为一种生理血管扩张剂，可以结合在呼吸链复合体 I 的亚基上抑制氧化磷酸化，损伤 ATP 合成。在脓毒症的相关研究中，发现 NO 可以活化 ROS/活性氮（reactive nitrogen species，RNS）系统，进而提高线粒体分裂蛋白 Drp1 的表达，促进线粒体分裂，进而诱发脓毒症恶化。在 AD 病中，研究表明[81] NO 可促进 Drp1 依赖性分裂及片段化加剧，并导致β-淀粉蛋白的毒性作用。然而，De Palma 等[62] 通过对肌细胞的研究发现，在肌细胞的分裂过程中 NO 抑制线粒体蛋白 Drp1，而促进线粒体融合。由此可见 NO 与线粒体动力学的相互作用机制仍需要进一步探索。

其次，线粒体融合蛋白（OPA1、Mfn2、Fis1）也可与炎症介质相互作用介导炎症的发生与发展。ROS 在 OPA1 和 Mfn2 的释放过程中具有至关重要的作用。张勇等[83] 在脂肪肝细胞上转染*Mfn2* 基因后，发现 ROS 显著降低，ATP 水平增加。因此，线粒体的融合蛋白和 ROS 的产生也密切相关。对 C2C12 肌小管细胞的研究发现，线粒体可通过 IL-6/Fis1 和 IL-6 介导信号通路 γ 辅激活因子 1α（peroxisome proliferator-activated receptor-γcoactivator-1α，PGC-1α）/Mfn2，进而重塑线粒体。然而，肺腺癌 A549 细胞在 IL-8 作用下，线粒体融合蛋白（Mfn1 和 Mfn2）表达量先增加，进而 OPA1 下降，诱导线粒体分裂加剧，片段化增加。TNF-α 作为另一个重要的促炎细胞因子，在炎症反应中对细胞瀑布式级联效应的激活反应具有重要意义。脂肪细胞在 TNF-α 刺激下，Mfn2 提高，线粒体形态发生显著变化。然而，不同的促炎细胞因子对胰岛 β 细胞的表现并不相同，如 TFN-α 可以通过活化 NF-κB 诱导线粒体 OPA1 蛋白增加，提高融合速度，提高呼吸链效率，进而维持细胞平衡。

炎症反应与线粒体动力学之间的相互作用非常复杂，并且相关的机制理论尚未完全明确。大量的炎性因子不仅可以改变细胞的生理状态，还可以影响线粒体的融合和分裂，从而改变线粒体的功能和结构，导致许多疾病的发生和发展。因此，我们推测，通过干预某些炎症因子在细胞中的表达水平，可以改善线粒体动力学的表达，增加细胞的抗氧化能力，改善器官或机体的功能，这同时将是今后靶向治疗的重要方向。但不同组织中细胞的类型介导的线粒体融合、分裂和炎症反应之间的相互作用不同，这将成为未来研究的重点和难点。

（2）线粒体动力学在糖尿病加重牙周炎中的作用

许多疾病的线粒体动力学都发生了改变。糖尿病作为牙周疾病的高危诱导条件之一，也是其危险因素之一。糖尿病牙周炎小鼠的牙龈炎症和氧化应激更为明显。实验表明，以牙周组织线粒体动力学紊乱程度作为观察对象，糖尿病牙周炎组的小鼠比单纯牙周炎组小鼠在牙周组织线粒体动力学紊乱的程度上呈现更高的水平。在体外，与单次处理相比，糖基化终末产物（AGE）和P-IPS联合处理人牙龈成纤维细胞（HGF-1）可导致严重的有丝分裂和线粒体功能损伤。总之，线粒体动力学紊乱与糖尿病牙周炎的病理过程密切相关。

（3）线粒体动力学与心脑血管疾病的相关性

线粒体动力学的动态平衡可保持心肌细胞的稳定状态，一旦对心血管疾病的发病系统产生重大影响，那么线粒体不仅是心肌细胞内主要动力细胞，同时对高血糖、氧气不足、氧化应激也发挥着重要的调节作用。研究表明：线粒体动力学紊乱是心血管疾病发生的关键诱导因素之一，主要包括心力衰竭（heart failure，HF）、心肌缺血再灌注损伤（ischemia reperfusion injury，IRI）和糖尿病心肌病等。

心脏病患者中线粒体心肌细胞的凋亡是心脏病发生发展的重要因素，研究发现，心脏病的病理过程中线粒体的相关靶点是诱发心脏病的关键调控因子，两者具有密切的相关性。在缺血性心脏病中，无氧酵解导致线粒体通透转换孔（mitochondrial permeability transition，MPTP）打开，合成ATP下降，线粒体钙转运体（mitochondrial Ca^{2+} uniporter，MUC）超载、ROS大量生成、线粒体膜电位丢失，进而促进CytC及凋亡因子释放，进一步介导线粒体动力学变化，最终导致心肌细胞凋亡受损。Drp1在小鼠心肌细胞基质中的蛋白水平会显著降低，其在外膜上的蛋白水平增加，表明在IRI的发生发展中，miR-499表达量减少可磷酸化活化，导致线粒体分裂加剧，说明Drp1蛋白的减少对心肌细胞的修复具有潜在的效果。Ca^{2+}超载主要对Drp1的表达产生作用，而ROS则主要是对Mfn和OPA1发挥调控作用。miR-499可减缓Ca^{2+}超载对Drp1的影响，尽管Mfn1和Mfn2是线粒体必需的融合蛋白，但在IRI的表达中具有截然相反的作用。在IRP的发生过程中，Mfn2可提高ROS的集聚，从而降低Akt并通过激发caspase-9诱导细胞的凋亡的启动、CytC释放和线粒体晶体重塑。与此同时，线粒体膜上的蛋白质和ACTS是Ca^{2+}的重要转运蛋白，从线粒体外部介导Ca^{2+}进入细胞内基质，而这种 Ca^{2+} 的转运能力主要取决于 Ca^{2+} 的低浓度。相反的，在IRI病理损伤过程中，Mdivi-1可以在IRI的病理性损伤过程中用于抑制Drp1并改善心肌细胞的线粒体比率。Mfn2敲除线粒体膜通透性及抑制MCU的开放程度，可减轻线粒体功能损伤，从而抑制心肌细胞凋亡。因此，MPTP及MCU已成为药物干预调控的缺血性心脏病中激活心肌保护机制、减少心肌细胞凋亡保护机制的靶点，线粒体动力学在重大心脏病的生理病理过程中扮演了重要的角色。相反的，在高葡萄糖的刺激下，基于激活的ERK1/2和ROCK1诱导的Drp1磷酸化、OPA1低蛋白表达、Mfn2缺失，则会导致线粒体分裂及ROS生成，进而诱发线粒体功能紊乱和心肌胰岛素抵抗。然而线粒体动力学在调控胰岛素的抵抗机制方面有待深入探索。

不同疾病中线粒体动力学的调控机制十分不同，例如糖尿病性心肌病发病机制中，在糖尿病患者中，线粒体分裂主要是由于高血糖和胰岛素的信号效应降低，同时产生基于下调的PGC-1表达水平引起的线粒体融合蛋白的负调控。糖尿病患者中主要表现为胰岛素分泌不够及抵抗受损等信号受损现象导致血糖提高，线粒体分裂增加，最终导致线粒体网络结构破坏。线粒体动力学相关蛋白Drp1、Mfn2和OPA1异常均可被胰岛素信号通路调控，导致线粒体分裂片段化，进而导致细胞死亡。其中，胰岛素主要通过刺激葡萄糖摄取来调控线粒体功能，激活Akt-mTOR-NF-κB-OPA1信号通路，提高OPA1蛋白的表达水平及心肌细胞ATP水平和耗氧量，进而诱导线粒体融合促进线粒体的氧化水平。

HF作为一种高患病率及高死亡率的心血管疾病，主要是被神经体液系统过度激活、免疫系统失调、氧化应激系统损伤等诱发，且这些发病机制均与线粒体动力学具有显著的相关性。研究发现，心力衰竭患者均表现出不同程度的线粒体损伤，表明线粒体动力学蛋白（mitochondrial dynamic proteins，MDPs）在HF病理的发病机制中具有重要的作用。MDPs被认为是心脏代谢的主要调控者，其介导的调控代谢均有较高的活力水平。线粒体自噬是心肌细胞自我修复及HF发生发展的主要途径。线粒体自噬的过程中，先决条件为Drp1可诱导线粒体分裂增加，生成片段化线粒体，选择性地被隔离降解，将受损的线粒体消除，从而减少HF发生的可能。相反，Drp1的合成不足，将会加剧线粒体功能障碍，诱发HF发生发展。

与 Drp1 相似，Mfn2 同样是调控细胞自噬的重要因素之一，主要通过激活 PINK1-Mfn2-Parkin 信号通路介导线粒体自噬的过程，清除应激损伤的线粒体并融合健康线粒体，实现线粒体质量调控的作用。类似的，OPA1 的失调同样可导致 HF 晚期脂肪酸代谢向糖代谢转变异常。研究表明 OMA1 和 YME1L 含量的动态平衡对 OPA1 的调控线粒体融合及线粒体底物对细胞能量代谢的决定功能具有非常重要的协同作用。

线粒体动力学介导的相关心血管疾病的发生发展在分子机制方面具有很大的不同，甚至在某些特定的情况下线粒体动力学相关蛋白会诱导独立于线粒体动力学的心肌病，只与线粒体分裂有关，但能否通过调控线粒体的融合，探究其对心脏病发病的逆转效应仍然需要进一步探索。因此，操纵线粒体动力学不仅对不同心脏疾病的线粒体质量控制起着至关重要的作用，同时也可以提供优化心脏疾病设计的治疗策略。

(4) 线粒体动力学失衡与阿尔兹海默并发病机制的相关性

阿尔茨海默病 (Alzheimer's disease，AD) 是一种认知功能障碍的疾病，属于年龄诱导的神经退行性疾病。近年来，研究者发现 AD 发病与细胞外 β-淀粉样蛋白 (amyloid β-protein，Aβ) 过程中分子信号通路密切相关，但随着抗 Aβ 药物在临床试验中宣布失败，现迫切需要进一步探索 AD 发病机制。现有大量研究表明：在 AD 等神经退行性疾病中，线粒体动力学的不平衡起着关键的作用[84,85]。线粒体动力学作为线粒体融合分裂的动态细胞器，在保证线粒体的功能、数量及形态方面都起着关键的作用。线粒体动力学失衡会引起 ROS 的产生增加、线粒体的断裂、促进能量代谢紊乱，导致突触功能下降和神经元细胞死亡，最终导致 AD 等神经退行性疾病[86]。

近年来，AD 与线粒体动力学失衡的分子机制研究取得了很大进展，Drp1、Mfn1/2、OPA1 和 miro/milton 等调控位点对线粒体动力学的动态平衡具有精确的调控作用[87]。打破这种动态平衡可以对线粒体各个方面功能产生影响。线粒体本身出现的融合、分裂和转运的功能障碍都可导致 AD 等神经退行性疾病的发生和发展。一方面有研究发现 Aβ 增加与 Drpl 相互作用是导致线粒体分裂、突触损害及动力学失衡的关键因素，并可最终引起 AD 发生[88]；另一方面，有研究基于过表达突变型人淀粉样前体蛋白 (amyloid precursor protein，APP) 和 APP 的人神经母细胞瘤 (M17)，对 AD

与线粒体动力学响应进行研究，发现40%的M17与80%的突变型APP M17细胞核周区域线粒体分布异常并出现大量碎片结构[89]。在功能学方面，突变型APP M17细胞中Fis1蛋白表达提高而Drp1和OPA1蛋白的表达降低，表现为APP过表达、ROS水平升高、膜电位降低及ATP生成减少，进而导致动力学失衡，最终引起神经元的功能紊乱，这可能是早期AD进展的标志。综上所述，线粒体动力学过程存在的调节位点失衡与AD病理发生发展密切相关，明确了调控线粒体融合/分裂的关键靶点，是探索如何干预调控线粒体调节位点并逆转AD的病理过程的关键，后期需要寻找调节线粒体动态平衡的核心蛋白，确定有丝分裂/融合和转运的中心调控位点，为改善线粒体的动力学失衡、延缓甚至逆转AD的发病机制提供理论依据。

(5) 线粒体动力学在脓毒症心肌损伤中的作用

脓毒症是由感染引起的一系列疾病的病理状态和系统性炎症反应综合征，是重病患者死亡的主要原因，而且没有可靠和有效的定向治疗。脓毒症可能影响心脏在内的许多重要器官。许多研究表明心肌细胞特异的PGC-1α的过表达可促进线粒体生物合成，提高脓毒症动物的生存率，进而抑制恶化进程。目前，多数研究都表明脓毒症时线粒体自噬增加。相关研究发现，线粒体自噬也可被PARK2通路激活，LC3蛋白在CO增加线粒体活性氧的过程中，以及参与的信号网络在调控脓毒症状态下的线粒体功能及心肌细胞方面发挥着关键的作用，因此，可以将自噬相关蛋白作为靶向治疗分子调控脓毒症导致的心肌损伤。与此同时，脓毒症心肌损伤中解偶联蛋白（UCPs）的作用机制仍然不是十分清楚，在CLP模型中发现心功能降低35%，UCP3 mRNA表达增加，表明其可以介导线粒体解偶联，并能导致心肌受损功能下降。然而截然相反的结果出现在大鼠胚胎心肌原始细胞（H9C2）与LPS共培养时，提高mtRNA的表达量，但是膜电位及ATP的产生减少，线粒体功能发生紊乱，当删掉UCP2，线粒体的生理功能变得更加紊乱。因此，UCP2是脓毒症心肌损伤的关键调控因子，但是其在此过程中发挥的是保护作用还是损伤作用仍需要进一步探索。由此可见，线粒体功能障碍是严重脓毒症患者死亡的主要原因之一，线粒体动力学是其功能障碍的关键原因。针对线粒体机制研发的药物可以改善线粒体功能，从而改善心脏功能，从线粒体动力学角度探索脓毒症的作用机制将为脓毒症的治疗提供新的分子靶点，开创新的治疗前景，为临床应用提供理论指导。

1.6 本章小结

近年来，显微成像技术的进步加深了人们对细胞线粒体结构和形态动力学的认识。线粒体结构是与视网膜结构相似的另一个重要内源性网络。越来越多的实验研究表明，线粒体形态的动态变化对细胞功能的各个方面都具有非常重要的作用。不同种类的细胞，线粒体的结构和运动也不同。线粒体形成网络结构，具有连续运动的特性。由于ATP的能量需求和Ca^{2+}的特殊需求，线粒体的数量因不同细胞的生理条件而变化很大。心肌细胞线粒体数量大于其他细胞，线粒体数量的变化可能与细胞的容量有关。在线粒体的形态和动态结构中，应根据细胞不同部位的需要进行正确的定位和分布。如用最新的显微镜追踪活细胞中标记的线粒体，可以观察到线粒体动态和形态学变化。线粒体在不断移动、分裂和融合时，线粒体形态的动态平衡可以帮助线粒体实现功能的平衡。动态融合和分裂使线粒体网络结构迅速适应和重构，使融合和有丝分裂达到动态平衡，这种动态线粒体分裂和融合的过程称为线粒体动力学。

线粒体动力学是一个动态过程，其中线粒体在线粒体Drp1和Fis1裂解蛋白的作用下产生动态的分裂过程，同时在Mfn1/2和OPA1的线粒体融合蛋白的介导下实现动态的融合过程。在正常的生理状态下，线粒体通过融合作用实现线粒体基质交换，完成受损线粒体的修复，保证细胞的正常生理功能的进行。线粒体的分裂则是通过诱导线粒体片段化、释放CytC及选择性地自噬受损线粒体。线粒体动力学不仅可以通过介导相关蛋白进行线粒体的分裂和融合等过程，从而实现线粒体物质交换等生理功能，而且是机体所需的ATP能量提供的重要场所。线粒体及其高效的生产能力，可以为机体应对各种外界复杂的生存环境提供能量。线粒体受到外部信息的刺激时，会通过调控线粒体膜的通透性、离子的转移及ROS的增加等释放凋亡信号分子，激活细胞凋亡的信号通路，从而导致细胞的死亡。线粒体的质量控制主要是线粒体动力学介导的，线粒体的质量控制对于机体的正常工作具有非常重要的意义，且线粒体动力学对线粒体的质量控制具有关键的调控作用。大量的研究表明线粒体动力学失衡是各种线粒体相关疾病的诱导因素之一，然而研究的结果却并不统一，尤其是线粒体动力学与运动的相关性的机制方面的研究成果更是很少，有的甚至是矛盾的结果，影响机制部分则更加不清楚。综上所述，研究运动对线粒体动力学的反馈作用机制，对提高运动对健康的影响具有更加重要的作用。

线粒体动力学平衡对保持线粒体的形态和功能起着至关重要的作用，线粒体动力学改变是其功能障碍的关键原因。以线粒体机制为靶点的药物可以改善线粒体功能，从而使心脏功能得以改善。由此可见，进一步从线粒体动力学角度研究线粒体相关重大疾病的作用机制将有利于开创新的治疗前景，为治疗提供新的分子靶点，更为临床治疗方案奠定理论基础。

第2章 线粒体表观遗传学

2.1 概述

从1920年至1952年，在32年的时间内，得益于相关检验技术的发展，研究方从肺炎球菌研究领域发展到DNA鉴定领域，研究者终于证明DNA是遗传物质。2013年中国科学家发现斑马后代可以遗传精子DNA甲基化模式，这是世界上首次证明了精子也可以完全遗传表观遗传信息。表观遗传与癌症、衰老具有密切关系，是近年来的一个研究热点，其研究成果层出不穷。本章介绍了表观遗传学的发展历史、调控机制及其应用。

表观遗传学主要包括miRNA和RNA甲基化、组蛋白修饰及DNA甲基化等，而表观遗传是在不改变原有的基因序列的前提条件下，调控可遗传的基因表达，并在机体发育、细胞凋亡等方面均具有关键的调控作用。线粒体尽管自身含有遗传基因，但线粒体的mtDNA主要受到表观遗传学调节的组蛋白的调控。人们之前以为线粒体并没有遗传学的机理，但是线粒体的mtDNA甲基化酶（mtDNMT1）、5-甲基胞嘧啶（5-methylcytosine，5mC）与5-羟甲基胞嘧啶（5-hydroxymethylcytosine，5hmC）的发现否定了这一观点[90]。环境因素的变化是mtDNA甲基化的关键调控因子，在不同的环境下nDNA、mtDNA甲基化相关酶类、mtDNA甲基化水平均表现出非常大的不同。线粒体表观遗传调控（mitoepigenetic regulation）是指对线粒体表观遗传学修饰的基因组编码基因进行修饰调控，可导致线粒体内负责编码基因表达的基因组发生变化，诱导线粒体的功能紊乱，进而诱导多种线粒体相关疾病的发生发展。线粒体表观遗传学的定义如下：线粒体中负责编码的基因发生变化，并且其他代谢产物影响线粒体基因的正常表达。线粒体表观遗传学保障人体复杂生理过程的正常进行，当机体在相关方面出现障碍，将会产生一系列复杂疾病，如神经退行性疾病、癌症或早期抑郁症等，现已成为生命科学领域的一个新的重要因素，mtDNA 甲基化的程度被视为一类重要的指标，在研究中获得广泛的应用。

2.2 表观遗传现象

在传统的遗传学中，认为基因是人体的结构和功能单位，基因定义蛋白质，但随着研究的发展，发现不仅一个基因可以编码许多蛋白质，两个不同的基因也可以编码。许多遗传信息隐藏在 DNA 序列或其他层次中，包括许多典型的遗传现象。众所周知，这些现象基本上都是由表面遗传现象控制的，这方面的例子很多，20 世纪 30 年代，著名的果蝇遗传学家穆勒发现基因突变并非取决于 DNA 序列。由于染色体反转或重组，活性体基因在某些细胞中保持沉默，这是由基因引起的。相关报告表明基因具有染色体组织。这种现象也存在于酵母和哺乳动物在内的物种中。基因被插入染色体的最后一部分，它们保持沉默，不作用于遗传过程。

生物表观遗传是指基因的表达可以遗传性改变，但是不影响核苷酸的序列。表观遗传的机制主要包括染色体失活、非编码 RNA 调控或组蛋白修饰和 DNA 甲基化等。目前，表观遗传主要为细胞核 DNA（nuclear DNA，nDNA），然而随着线粒体 DNA（mitochondrion DNA，mtDNA）重要的表观遗传修饰物 mtDNMT1、5mC 及 5hmC 的发现，线粒体的表观遗传学研究开始逐渐成为生物学领域的研究热点之一。与 nDNA 不同，线粒体的遗传密码具有一定的独立性。不同细胞中，mtDNA 数量差异非常大，高浓度 ROS 的刺激可导致 mtDNA 损伤及蛋白质的修饰消失，因此，mtDNA 更容易遭受氧化损伤及基因突变。基于 mtDNA 为母系遗传且几乎不发生基因重组的特性，mtDNA 具有相对稳定性，因此，在群体遗传学及演化生物学的研究过程中，mtDNA 常被作为关键的分子标记物。

2.2.1 表观遗传学的形成和发展

1958 年，沃丁顿开始使用“表观遗传学”一词。同年，沃丁顿阐述了人体细胞具备相同基因组的原因，这种现象可能以不同的形式出现，并可能持续数代。近 50 年来，随着对控制真实遗传形态的分子机制的深入研究，遗传学的定义不断更新。目前，人们普遍接受的定义是一个基因组以不同的表达形式产生和传播的染料模板变化的总和为表观遗传学，其具有三个遗传特征：调节性、可逆性和非序列性 DNA。

随着研究的不断深入，表观遗传学越来越受到人们的重视。1998 年，欧盟启动了“可见基因组学”计划和项目，2001 年国际知名学术期刊《自然》杂志上发表了《基因的遗传可塑性》，在 2004 年召开的第 69 届冷源定量生物学会议上，专门设立了一章以表格的形式讨论了遗传问题。2010 年人类基因领域国际合作组织在巴黎成立，至此表观遗传学由于在基因水平研究领域上的重要性，开始得到迅速发展。人类基因研究计划 2012 年在德国启动，计划的第一阶段目标为 10 年内标记 1000 个基因样本。此外，我国科技部在 2005 年启动了一项关于表观遗传调控监测健康和病变细胞测定的项目。同年，我国科技部同时启动了“973”重大专项研究“肿瘤及神经系统疾病的表观遗传机制”。

2.2.2 线粒体表观遗传的调控方式

线粒体表观遗传学有四种调节机制，包括：nDNA 表观遗传受到核编码的线粒体基因的表达；nDNA 甲基化的程度受到 mtDNA 变异情况下的核基因调控模式的影响；nDNA 的甲基化模式受 mtDNA 的含量及其活性的影响；线粒体表观遗传学的修饰直接影响 mtDNA 的表达。与此同时，线粒体中 mtDNA 的表观遗传学修饰也受到环境和营养等外界因素的影响和调控。

2.3 线粒体 mtDNA 甲基化

DNA 甲基化是基因相关的调控机制中最早发现的遗传机制之一。DNA 在腺嘌呤（A）或胞苷（C）链中，DNA 甲基化在细胞分离中起着重要作用。细胞分离、胚胎发育、环境适应和疾病发展是现代遗传学研究的热点。与真核生物 nDNA 相比，mtDNA 序列较短，只有 D-loop（Displacement loop）中含有启动子序列，为合成呼吸链的重要因子，其余为编码序列。因此，mtDNA 的表达与其甲基化状态具有显著相关性，并可为细胞内动态能量需求提供条件，且其甲基化模式的变化对其链的表达也有截然不同的影响。如 mtDNMT1 的过表达诱导重链 ND1 的表达上调，而同时下调轻链 ND6 的表达[91]。然而，尽管 mtDNA 甲基化参与线粒体基因表达及相关物质合成，但其具体的调控机制及相应的生理功能仍需要进一步深入研究。

2.3.1 线粒体 mtDNA 的甲基化特征

（1）mtDNA 结构特点

mtDNA 由两条基因组成，两条基因排列紧密，并且均具有编码的作用，但是只有一条 mtDNA 具有两个启动子（D-loop）并实现复制和转录起始的功能，其余的基因内均没有内含子。mtDNA 被转录变成多顺反子的前体，形成功能个体，其中主要包含 13 个蛋白基因（ND1、ND2、ND3、ND4、ND4L、ND5、ND6 等 NADH 脱氢酶亚基、2 个 ATP 合成酶亚基、2 个氧化酶亚基、CytB、CytC 及 3 个氧化酶亚基）、22 个 tRNA 和 16S rRNA 和 12S rRNA 基因。ND6 及 7 个 tRNA 基因由 L 链编码，剩余均由 H 链编码。其中线粒体基因组甲基化位点如图 2-1 所示[92]。

（2）线粒体表观遗传修饰产物

表观遗传学修饰的主要酶有 DNMT、5mC 和 5hmC，对基因的表达调控具有重要的意义。2011 年，首次研究发现线粒体中也存以上三种重要的表观遗传学相关酶类。5mC 和 5hmC 甲基化存在于 CpG 二核苷酸和 CpG 二核苷酸之外的区域，从而影响基因的稳定性[93]。1971 年，DNMT 首次被发现，其参与生成 5mC，其中 mtDNMT1 是靶向序列的核编码 DNMT1 的内源性等位基因，并参与 mtDNA 甲基化和负责转录因子的调控表达[94]。此外，DNMT3A 和 DNMT3B 同样参与调控线粒体表观遗传学，且两者可协同促进 mtDNA 甲基化[95]。

mt-5mC 主要位于重链保守（CSB-Ⅲ）区域和 D-loop 的 5′末端，对 RNA 引物产生影响。mt-5mC 调控 mtDNMT1 的表达及 RNAs 的水平，进而改变 mtDNA 双链转录的表达，主要对 NADH 脱氢酶亚基 1（ND1）和

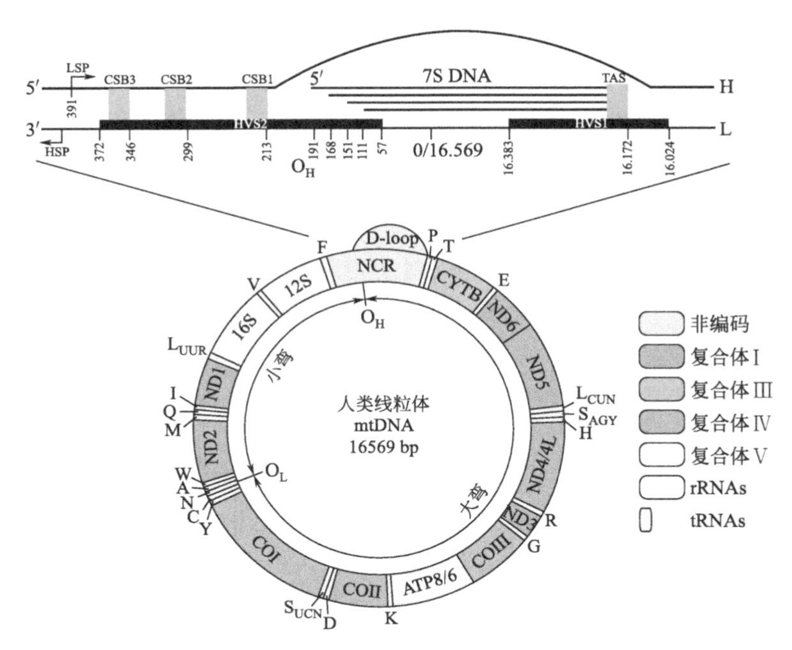

图 2-1　线粒体基因组甲基化位点

ND6 偶联进行调控，可能与基因启动子被 mt-5mC 所抑制有关。

mt-5hmC 同样可调控 TFAM 的转录位点和后续转录反应。mt-5hmC 作为甲基化周期的中间产物，5hmC 在 mtDNA 中分布较广，并能反馈影响去甲基化酶（TETs）的活性[96]。线粒体表观遗传学参与诱导调控不同时期的机体生理和病理进程。对不同月龄小鼠的脑组织研究中，在受到损伤刺激的情况下，衰老期前额叶皮层 mtDNA 的 5hmC 水平下降，包括组分Ⅰ（ND2、ND4、ND4L、ND5、ND6）在内的 DNA 编码基因仅在额叶皮层衰老过程中提高，机体的衰老状况会影响 mtDNMT1 和 TET1-3 的表达，导致 TET2 和 TET3 的 mRNA 含量提高[97]，然而，mtDNMT1 的 mRNA 水平不受衰老状况的影响，表明线粒体的表观遗传受调控衰老的影响[98]。

另外，5fC 和 5-caC 介导的 TEF 调控的氧化过程也是表观遗传学修饰的两种类型。但是这两种表观遗传修饰的类型的调控机制仍需进一步的探索。研究表明[99]，5fC 和 5-caC 可通过 T7RNA 聚合酶（T7RNAP）或人 RNA 聚合酶Ⅱ的外界刺激作用进而抑制 DNA 转录，T7RNAP 和线粒体的聚合酶比较同源，是调控 mtDNA 表观遗传修饰产物的关键调控因子。然而，线粒体表观遗传产物的调控机制仍需要进一步探索研究。这是今后的重要研究方向之一。

(3) mtDNA 甲基化模式及羟甲基化模式

与 nDNA 中相似，在 mtDNA 中 CpG 二核苷酸序列中的胞嘧啶是甲基化的位点，CpG 的含量为 2.65%，整体的甲基化水平较低。mtDNA 甲基化是指通过 DNMT 的介导将 S-腺苷甲硫氨酸（S-adenosyl methionine，SAM）上的碳基团转移到胞嘧啶（cytosine）的第 5 碳原子上，最终形成 5mC 的过程（图 2-2）。对人体 mtDNA 的研究表明，对于不同组织和细胞，其分布比较保守，只有特定部位（大脑和血液）表现出了较大时间和功能等差异[100]。对血液细胞 mtDNA 的 D-loop 区的研究表明，DNA 甲基化主要在启动子区和保守序列区。同时，在小鼠肝细胞中线粒体 DNMT1 和 DNMT3B 可诱导 CpG 甲基化水平下调，而 CpG 却不受甲基化的影响[101]。对于 mtDNA 羟甲基化，由于线粒体 DNA 所处的环境中 ROS 的含量较高，易发生氧化损伤。在对小鼠脑细胞的研究中发现 TET 蛋白家族（ten-eleven translocation）可将 5mC 转变为 5hmC，进而通过一系列途径被胞嘧啶取代，实现 DNA 去甲基化过程，这与许多脑组织疾病的发生发展密切相关[102]。此外，5mC 去甲基化进程的中间产物可能是 5hmC，与 DNMT 和 TET 蛋白协同调控基因表达。

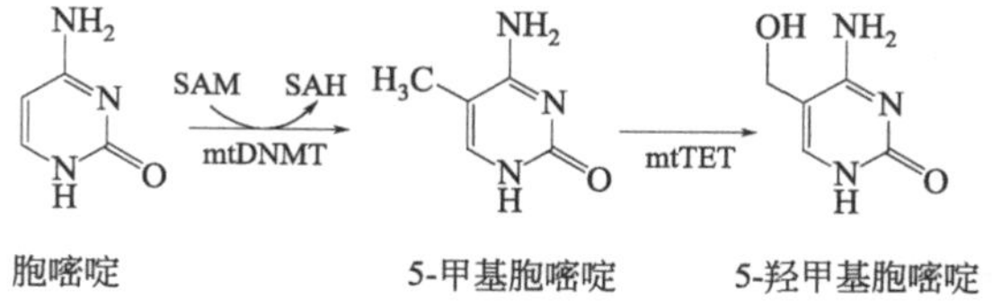

图 2-2 mtDNA 甲基化过程

2.3.2 线粒体表观遗传修饰产物作为生物学标志

mtDNA 甲基化产物是新一代用于监测癌症、神经退行性疾病等疾病的生物学疾病监测标志物，其表观遗传修饰位点可出现整体或者特异性片段基因的甲基化。目前研究表明 mtDNA 甲基化产物与各种环境因素之间具有显著的相关性，如与低水平空气污染的对照组参照可得，受到高水平空气污染

（金属颗粒物、氮化合物和碳化合物等）的工人，其 12S rRNA 的编码区甲基化水平显著增加，因此，针对性地开展此区域的去甲基化在分子水平对职业病的控制和预防具有十分重要的意义。

mtDNA 表观遗传产物作为一种新的生物标记物，可被用于相关疾病的检测。通过对 12S rRNA 和 16S rRNA 编码区的研究发现，12S rRNA 甲基化水平与年龄的增加成反向相关性；分析了老年男性 12S rRNA 和 16S rRNA 编码区的甲基化胞嘧啶残基，CpG 的甲基化与癌症、糖尿病及机体环境毒素暴露反应具有显著的正相关性。唐氏综合征患者中则表现为低的 mtDNA 甲基化状态[101]。因此，深入研究营养因素及环境因素对线粒体密码子的相互偶联的作用机制和线粒体异常点位的表观遗传学修饰具有重要意义，可以为相关疾病的预防及靶向治疗提供理论依据。

2.3.3 线粒体-细胞核表观遗传交叉串话

线粒体是生物信号转导的重要因素，主要依靠“顺行调节”加强机体组织间的活性调节和物质的生成，同时，依托重编程功能介导的逆向 nDNA 的表达实现“逆行反应”。线粒体-细胞核之间的双向信号传递即为线粒体-细胞核交叉串话，从而组成线粒体的信号网络，并维持其动态平衡的信号网络。

（1）顺行调节

顺行调节主要指细胞核编码的蛋白质从细胞核到线粒体的转运过程。信号可在细胞代谢条件的刺激下，通过多重感受器激活信号通路，包括几种共激活因子和核编码的转录因子，从而诱导 mtDNA 表达并介导合成线粒体蛋白质。nDNA 编码的物质主要包括聚合酶 γ（Pol-γ）亚酶、胸苷激酶（thymidine kinase 2，TK2）、miRNA 和域蛋白（MBD）。其作用机制如下。

Pol-γ 通过第二外显子 CpG 的 DNA 甲基化调节表达，主要参与线粒体的修复和复制等。在机体受到氧化应激条件的刺激下，介导过氧化物酶激活 γ 受体（PGC1α）和几种核编码转录因子（NRF1）转录，进而两者协同完成组分的转录及 TFAM 的上调，且该转录过程和 mtDNA 甲基化具有密切的相关性。此外，TK2 作为线粒体脱氧核酸生成的关键因子，对细胞 nDNA 正常功能的维持具有重要的意义。TK2 可启动扩张型心肌患者心脏的相关密码子，可导致 mtDNA 的缺失。在核编码 miRNA 介导的线粒体基质中，miRNA 在表观遗传学调控中具有至关重要的意义，可通过相关蛋白调控线粒体的代谢等功能，从而实现双向调节。对 mtDNA 的测序研究证明，线粒体基因组中存在编码的 miRNA，如果它能调节线粒体基因的表达，就可发挥控制化合物的类似作用，对 nDNA 的表达具有一定的影响。mtDNA 甲基化的过程主要为 mtDNA 与甲基 CpG 相结合产生 MBD 蛋白，或 mtDNA 与 MBD 家族的相关蛋白相结合，从而在人类组织或细胞中进行基因表达，可以影响机体的生长发育、视觉遗传，并且 mtDNA 甲基化在 DNA 甲基化相关的重大疾病中展现出重要的研究价值。

（2）逆行反应

逆行反应主要是指信号从线粒体到细胞核的反向调控机制。线粒体是氧化磷酸化反应的作用位点和信号的交叉点，能够维持 DNA 的整体稳定性。线粒体代谢过程中，通过触发各种逆行信号来维持 DNA 整体稳定性和促进细胞存活反应过程，通过调控关键的信号分子通路来介导核基因的表达，进而延长细胞的寿命。逆行反应主要包括组蛋白修饰、mtROS、线粒体未折叠蛋白反应（UPR^{mt}）。

1）组蛋白修饰

组蛋白的修饰主要受到线粒体的功能、线粒体代谢产生的中间物质和线粒体所处的能量状态所调控。组蛋白去乙酰化转移酶（histone deace tylases，HDACs）和组蛋白乙酰化转移酶（histone acetyltrabsferases，HATs）的活性取决于 ATP 水平和线粒体功能。HDACs 共有 4 种（Ⅰ、Ⅱ、Ⅲ、Ⅳ类），通过金属离子和 NAD^+ 水解或断裂赖氨酸与乙酰基团之间的化学键生成代谢 O-乙酰-ADP-核糖。组蛋白乙酰化及相关修饰酶的改变在相关疾病的发生发展过程中起着关键的调控作用，例如，海马组蛋白乙酰化可诱导相关记忆基因的增加，在多种认知障碍的疾病中，组蛋白低乙酰化还伴随着记忆丢失，从而影响记忆形成[103]。在 AD 患者的研究中发现[104]，颞叶的 H3K18 及 H3K23 等位点的组蛋白乙酰化水平显著低于对照组，表明组蛋白乙酰化的低表达在 AD 患者中具有重要的意义。此外，过度表达 HDAC2 的神经元可通过降低树突棘密度以及突触的可塑性，降低靶向的基因乙酰化水平，从而抑制转录过程，抑制记忆形成。其中第三类的

HDACs、Sirtuins 作为保守的基因家族，针对 H4K16、H3K9 及 H3K56 去乙酰化，进而抑制染色质的构型，在寿命延长、氧化应激、胰岛素分泌以及线粒体代谢中都起到关键的调控作用。与此同时，HDACs 活性的改变与心血管疾病、肿瘤的发生发展机制、神经性退行疾病的发生发展的机理有显著的相关性。其中组蛋白的甲基化主要为位于组蛋白尾端的赖氨酸的单、双或三甲基化，主要受到 HATs 和 KDMs 的调控。其中，KDM 主要包含具有 JmjC 结构域的组蛋白去甲基化酶［jumonji-C（JmjC）domain-containing histone demethylase，JHDMs］及赖氨酸特异的去甲基化酶 1（lysinespecific demethylase 1，LSD1）。JHDMs 作为组蛋白去甲基化转移酶，具有特殊的调控策略，以达到精细的底物位点及状态特异性，其主要通过 Fe^{2+}、α-KG 及 O_2 的加入[101]，氧化甲基基团为甲醛。与此同时，H3K9 及 H3K27 甲基化是组蛋白异染色质形成的关键位点，具有抑制基因修饰表达的作用，在维持细胞核染色质 3D 结构中具有重要的作用。因此，组蛋白作为 DNA 和细胞其他组分之间的功能界面，将不同的修饰表达基因组合在一起，构成不同的组合，进而形成被转录复合物识别的组蛋白密码，而其可能为研究染色质重塑及其衰老相关机制提供新的方向。

2）mtROS

毒性环境刺激可诱导线粒体产生大量的 mtROS，进而激活 OXPHOS 副产物（Tel1p 和 Rad53p），促进 Rir3p 结合增强并使亚端粒异染色质 H3K36 去甲基化酶 Rph1p 失活，进而抑制相关基因转录，缩短细胞的寿命并影响表观遗传学信号[105]。此外，由于线粒体 DNA 的 ROS 位点无内含子和较低的 DNA 修复能力，过量的 ROS 氧化应激反应可损伤线粒体功能，诱导 mtDNA 生成基因毒素，导致线粒体不可逆的损伤甚至死亡。

3）UPR^{mt}

UPR^{mt} 对蛋白毒性应激产生保护性或适应性反应，是一种逆行反应形式，主要介导线粒体核反馈信号来提高线粒体相关应激基因和伴侣蛋白的表达，在收到反馈信号后维持组织内的蛋白质内稳态。蛋白质的内稳态取决于折叠和结构降解的平衡[106]。当 ROS 的含量超过一定浓度时，线粒体开启应激反应，并诱导错误或未折叠的翻译的蛋白质增加，进而诱发线粒体功能紊乱。UPR^{mt} 在维持线粒体内稳态、细胞凋亡或氧化应激的进程中具有重要的生理意义。研究表明[107]，阻碍线粒体的核糖体和线粒体电子传递链发挥正常功能时，线虫的相关信号传导通路可以被 UPR^{mt} 激活，进而启动线粒体蛋白保护的应激反应。在线粒体应激状况下，多种蛋白质性质发生改变以延长寿命，包括 H3K9 和 H3K27 及去甲基化酶。与此同时，UPR^{mt} 和 nDNA 编码的蛋白与线粒体编码蛋白的状态同人类寿命具有密切的相关性。辅酶 I/脱乙酰酶 1/UPR^{mt}/超氧化物歧化酶信号通路与 FOXO 信号激活的调节有关[107]。UPR^{mt} 与老年人造血干细胞的再生能力有关，主要是由于其能激活天然免疫基因的表达，诱导线粒体参与多种天然免疫途径，并释放线粒体损伤相关的分子模式信号，诱导天然免疫和全身炎症反应[108]。

4）核基因组中 mtDNA 插入

针对干细胞 mtDNA 的研究表明，细胞核中 mtDNA 与体细胞的数量比较一致，mtDNA 表现较高水平，且两者之间的转移过程动态可逆，作用机制可能是 mtDNA 对干细胞发挥调控作用。研究表明，mtDNA 插入真核细胞核内后，被诱导复制到 85 个以上的真核基因组中的 NUMT（线粒体假基因），但其在肿瘤核基因中的作用机制并不清楚。直肠癌中 NUTU（卵巢癌细胞）的高表达，表明 mtDNA 在机体内的转移增加，是肿瘤发展的标志物[109]。线粒体产生的中间代谢产物向细胞核转移，可作为表观遗传学生物标志物，主要介导 nDNA 及表观遗传修饰染色质。与此同时，mtDNA 的表观遗传修饰也受到 nDNA 的调控，并介导 nDNA 的表达。线粒体-细胞核之间的交叉串话对于机体代谢、疾病的产生以及衰老中有重大意义。

2.3.4 mtDNA与肿瘤关系研究进展

近年来，肿瘤已经成为重大疾病中威胁人类健康的首要疾病，且发病率呈每年增加的趋势。线粒体中 mtDNA 与肿瘤发生发展存在的关联性已经成为相关领域中的研究热点，主要涉及 mtDNA 突变、含量变化及拷贝数变化等方面。与 nDNA 相比较，mtDNA 因受缺乏组蛋白保护、易受 ROS 损伤等因素影响，导致本身出现高突变率，其突变率是 nDNA 的 5～10 倍[110]。肿瘤细胞中 mtDNA 突变，因组织器官不同、生理状态差异等因素，会导致复制及拷贝数不同，进而诱导某些肿瘤的恶性进程[111-113]。

肿瘤中 mtDNA 的含量变化具有非常重要的意义。

① 大量研究表明[114-116]，mtDNA 含量的改变与肿瘤的发生发展具有密切的相关性，且不同类型组织中，肿瘤 mtDNA 拷贝数存在较大的差异，如肝癌、结肠癌、肺癌组织中 mtDNA 的拷贝数下降，然而，在头颈部肿瘤、宫颈癌等肿瘤组织中，mtDNA 的拷贝数却呈现增长的趋势[116]。

② mtDNA 拷贝数的异常，可能同某些肿瘤的发生风险具有显著的相关性。如外周血白细胞 mtDNA 含量的增加，可预示非霍奇金淋巴瘤及慢性/小淋巴细胞性淋巴瘤的发生，外周血白细胞 mtDNA 拷贝数的降低，罹患软组织肉瘤的风险则会提高[115]。同时，将乳腺癌患者的血液同健康人血进行 mtDNA 含量比较，剂量-反应关系趋势研究表明乳腺癌发生风险与 mtDNA 含量的升高成正相关关系[114]。

③ 最新的研究多集中在 mtDNA 含量与肿瘤预后的相关性，不同的肿瘤组织，预后也截然不同。有研究表明对食管癌、肝癌、宫颈癌等疾病患者，肿瘤中 mtDNA 含量增加表明预后差；而对于喉癌、大肠癌、肺癌等患者，肿瘤中 mtDNA 含量降低表明预后差[117]。

④ 肿瘤中 mtDNA 可作为具有诊断价值的标志物，并为肿瘤的治疗起指导作用[118]。如循环无细胞线粒体 DNA（CCFmtDNA）可作为“指纹”区分乳腺癌患者和健康人，且其具有高度的灵敏度和特异性，能够区分泌尿系肿瘤患者和健康人。另有研究表明 mtDNA 含量低的乳腺癌患者可以用含蒽环素的方法治疗，表明 mtDNA 含量的变化也可为治疗方案的选择提供决策作用[119]。

不同组织中肿瘤在不同的发展阶段，mtDNA 的拷贝数并不相同，对于其拷贝数的变异机制，并不能单纯以突变累积或畸形繁殖来解释，需要承认其受拥有复杂调控机制的调控分子调控，如 Pol-γ、mtSSB 以及刺激因子-1（peroxisome proliferator-activated receptor γ coactivator-1，PGC-1）、抑癌基因*p53*、*SIRT3* 等[120]。其中*p53* 可与线粒体调控蛋白协同作用促进线粒体的生物合成，并在 ROS 损伤时转位到线粒体与 Pol-γ 共同作用，从而维持线粒体遗传稳定性[121]。因此，*p53* 途径的确实会诱导 mtDNA 拷贝数的降低，损伤 mtDNA 的敏感性，诱导 ROS 过量产生，进而导致降低 mtDNA 的含量。与此同时，*p53* 可调控线粒体生物合成，当氧化磷酸化被抑制时，*p53* 可通过自身转录因子调控线粒体呼吸作用，进而诱导 ROS 产生[122]。

过量的 ROS 会导致 mtDNA 损伤，然而，*p53* 偶联 DNA 聚合酶 γ 和 mtDNA 可协同提高 DNA 的复制功能。此外，肿瘤中 mtDNA 的含量增加与 ROS 的提高具有相关性。当肿瘤发生时，ROS 的产生与清除的平衡被打破，体内大量的 ROS 聚集，线粒体成为 ROS 介导损伤的靶点[123]。线粒体是 ROS 生成的主要组织，同时也是 ROS 的主要靶点，其内膜生成的自由基极容易损坏 mtDNA。氧化应激对 mtDNA 的数量具有双向调节作用，线粒体氧化呼吸链受到轻度损伤刺激后，mtDNA 通过提高复制转录，以补偿减弱的呼吸功能，进而促进 mtDNA 数量的提高；重度刺激下，线粒体功能受到严重损伤，超出其自我修复的能力，导致复制转录下降，mtDNA 的数量降低[122]。由此可见，适量的 ROS 氧化刺激是激活线粒体损伤应答机制的重要信号，而中毒的氧化应激则会导致不可逆损伤，最终引起 mtDNA 拷贝数降低。因此，引起不同肿瘤类型 mtDNA 拷贝数变异的机制复杂多样，影响因素同样具有差异。

综上所述，mtDNA 数量对肿瘤的发生发展具有重要的标志性作用，并且这些改变具有肿瘤的特异性。在后期的研究中，mtDNA 不仅可以协助某些肿瘤的早期诊断，而且对协助评估患者的预后和康复后的定期复查监测具有重要的意义。可以利用前人的成果拓展临床的应用，为相关肿瘤疾病的预警及治疗提供理论依据。

2.4 组蛋白修饰

组蛋白是与 DNA 形成核小体的染色体结构蛋白。它可分为 H1、H2A、H2B、H3、H4 五种类型，结构类似于球形八聚体，是染色体的重要组成成分。组蛋白修饰主要是指修饰组蛋白的氨基端尾部的氨基酸残基，进而改变组蛋白和其他蛋白之间的作用机制，且被修饰后的蛋白或遗传物质等协同诱导染色质的结构发生改变，对 DNA 的转录具有显著的影响。组蛋白修饰富含精氨酸和赖氨酸，带正电荷，每个核组蛋白由一个球形结构域和一个暴露在真核生物体表面的 n-剪裁区组成。当然，表观遗传学还包括非编码 RNA 和基因印记等内容，其中非编码 RNA 主要包含 microRNA、lncRNA、siRNA 及 rRNA 等主要介导转录后调控的基因，在细胞的生长发育过程中发挥关键的调控作用，并与疾病的发生发展密切相关。

组蛋白的修饰包括甲基化、磷酸化、乙酰化和泛素化。关于组蛋白多样性修饰的机制及其潜在信息存在一种“组蛋白编码假说”。由于凝集或游离状态的染色质不同，导致其与相应蛋白质因子的结合力不同，因此，组蛋白的修饰对 DNA 与组蛋白的结合力有十分重要的意义。

2.4.1 组蛋白上的甲基化修饰

（1）DNA 甲基化

DNA 甲基化是指在胞嘧啶和鸟嘌呤碱基对的胞嘧啶上选择性地添加甲基的过程。一般是指甲基转移酶催化甲基取代氢原子的反应。在组织内，甲基化反应速率经相关的酶类催化得到提升，主要包括重金属修饰和调控的基因表达、蛋白质功能调整及核糖核酸的代谢。对抑癌基因的抑制机理主要包括敲除涉癌基因、基因沉默和启动子异常甲基化[124,125]。

（2）组蛋白上的甲基化修饰

1）组蛋白赖氨酸甲基化

H3 及 H4 是组蛋白赖氨酸甲基化发生的主要位点，其中 H3 含有 5 个组蛋白位点，主要存在于球状部位及 N 末端；H4 上存在一个结合位点，存在于 N 末端的 K20 上及 H1 的 N 末端。甲基化与染色质的表达过程具有显著的相关性，如染色质的钝化受到 H4-K20 甲基化的调控、H4-K9 的甲基化则可以调控相关蛋白来抑制染色质的水平，染色体转录过程的激活受到 H3-K79 和 H3-K4 的调控，并且单甲基化的修饰能够对抗甲基化诱导的抑制基因。组蛋白去甲基化酶可偶联组蛋白赖氨酸甲基转移酶协同实现组蛋白的赖氨酸甲基化过程，主要是通过组蛋白赖氨酸甲基转移酶完成特异性的甲基化修饰，并使各个参与甲基化的位点表现出截然不同的甲基化形态，进而生成不同的产物，即三甲基化或单甲基化等产物。

2）组蛋白精氨酸甲基化

组蛋白精氨酸甲基化作为一种比较动态的调控修饰基因表达的方式，主要通过组蛋白精氨酸甲基转移酶生成单甲基化精氨酸，然后催化二甲基亚基宁或不对称二甲基亚基宁，从而将甲基移动到位于蛋白精氨酸残基末端的 S-腺苷蛋氨基酸上。两种组蛋白精氨酸去甲基化酶包括肽精氨酸去甲基化酶

4和JmjC区包含蛋白6。其中，前者被称为瓜氨酸化，主要作用是将亚胺中被甲基化的精氨酸和去甲基化精氨酸转变为瓜氨酸，后者主要通过羟基化的作用将甲基变成精氨酸，然后转变为甲醛，进而导致去甲基化的过程。组蛋白精氨酸甲基化作为一个相对动态的过程，与相关基因的表达具有密切相关性，H3和H4靶向的精氨酸甲基化缺失与基因的沉默具有密切相关性。

（3）组蛋白甲基化在生命体中的作用

组蛋白甲基化在细胞的发育、基因的表达及真核染色质的遗传修饰中，甚至是相关疾病的发生发展的过程中具有关键的调控作用，且组蛋白甲基化具有抑制或激活的双重作用。若组蛋白甲基化的相关酶缺失或表达异常，则甲基化出现异常，则会诱导机体发生病变，其表达激活还是抑制的作用，主要取决于核小体与去甲基化的组蛋白结合的蛋白质，而且两者结合后会介导修饰染色质或直接改变DNA的转录。组蛋白可以通过介导DNA的甲基化，进而影响DNA基因的表达调控，作用于真核胚胎的发育，最终介导DNA和蛋白质产生作用关系。

2.4.2 组蛋白的乙酰化

（1）发生位置及分子效应

组蛋白乙酰化通常发生在蛋白质的赖氨酸上，是可逆的生化反应。组蛋白乙酰化的分子效应是中和赖氨酸上的正电荷，并且碳氧双键结构具有一定的负电，导致组蛋白与DNA的排斥力增加，使得DNA结构变得疏松，从而导致基因的转录活化。

（2）生物学功能

1964年，Vincent Allfrey在赖氨酸侧链的氨基中发现了两种形式的去乙酰化和组蛋白乙酰化，表明组蛋白乙酰化与遗传活性具有显著的相关性，即非乙酰化组蛋白能够抑制其转录，而乙酰化组蛋白具有相对较弱的转录抑制因子。组蛋白的生物学功能主要包括基因转录活化和DNA损伤修复。一些酶可能含有乙酰化组蛋白和双乙酰组蛋白，但这一假设尚未得到证实。1996年，詹姆斯·布朗和大卫·艾利斯成功地清洗并鉴定出组蛋白乙酰转移酶，主要利用乙酰辅酶的乙酰基在化学调控的方法下将其转移到组蛋白中，并揭示其反应的相关机理。不同组蛋白发生的位置及时间并不相同，在进入细胞核之前，其中组蛋白 H2A 和 H4 通过氨基矿物乙酰化后，能够合成乙酰丝氨酸，一般发生在细胞质内，与此同时，H2B 和 H3 可形成 M6 乙酰化酶，且此过程发生在蛋白质的赖氨酸内氨基区域的某些特定区域。

（3）组蛋白乙酰化的生物学功能

组蛋白乙酰化能改变蛋白质分子表面的电荷，影响细胞核的结构，调节基因的活性，乙酰化修饰主要通过减少组蛋白的正电荷，从而降低其与 DNA 的偶联作用，进而诱导核小体释放。乙酰化活性生物学的修饰功能的典型例子便是哺乳动物 X 染色体在基因表达被调控的状况下丧失。与此同时，乙酰化也参与调节细胞周期，而组蛋白的去乙酰化作用可使基因沉默。

2.4.3 组蛋白的磷酸化

组蛋白的磷酸化是指在磷酸激酶等相关酶的调控下，ATP 将磷酸化基因水解，随后与组蛋白 N 端丝氨酸或三氟醚残基结合。T11、S10、S28 和 T3 是组蛋白 H3 发生磷酸化的修饰位点。S1 和 S10 则是 H2A 的磷酸化发生的修饰位点。对于组蛋白 H4，磷酸化则仅在 S1 的修饰位点上。而 S32 可通过线粒体的分裂反作用于 H2B，进而导致 H2B 被破坏。与其他表观遗传学改变一样，组蛋白的磷酸化主要是通过蛋白自身携带的正电荷与磷酸的负电荷相结合，诱导 DNA 与组蛋白的结合力降低，从而生成与特定蛋白质复合物相结合的复合物质，最终影响染色体的结构及功能。

组蛋白的磷酸化所具有的分子效应主要表现在通过磷酸化作用将染色质 H4S1 与 HPI 结合构成异染色质，进而改变组蛋白异构体。组蛋白磷酸化的生物学功能主要表现在介导 DNA 的结合和改变染色质的聚集，从而导致线粒体分裂、DNA 的修复或细胞凋亡等重要的生物学功能。此外，DNA 的复制和蛋白激酶的激活是组蛋白 H 的磷酸化的关键调控因子，因此，DNA 的复制与组蛋白 H 的磷酸化具有协同作用。

2.4.4 组蛋白的泛素化

泛素是一种存在于真核生物内包含 76 个氨基酸的蛋白质，其序列相对保守，分子量为 8500。泛素分子中，球状结构主要由 1～72 个位于氨基端的氨基酸残基组成，且结构紧密折叠。

（1）组蛋白的泛素化

蛋白质的泛素化修饰主要是指泛素分子的羟基末端与赖氨酸残基位点的相互作用的过程。甘氨酸上的羧基可与氨基组蛋白赖氨酸形成同分异构肽键。泛素化是一系列由多种酶调节的酶反应。ATP依赖导致26S蛋白酶复合物水解HA和H2B为修饰蛋白，泛素参与基因调控主要体现在：染色质高级结构的改变、DNA的暴露、转录的启动、招募其他转录因子、影响组蛋白的其他修饰。

（2）进行修饰需要的三类催化酶

进行修饰需要的三类催化酶分别为：泛素激活酶、泛素结合酶和泛素蛋白连接酶。泛素类似于甲基化，但不同于乙基化和磷酸化泛素可以通过不同的特异位点抑制或激活多种泛素，泛素化因特异性位点不同可以起抑制作用或激活作用，与蛋白分解相关联的多泛素化相比较，H2A和H2B均为单泛素化。

2.4.5 组蛋白的SUMO化

（1）SUMOs

SUMOs是一个非常保守的蛋白质家族，其分子量较低，约为11000，结构上类似泛素。它在各种真核细胞中传播，并在新兴的酵母、线虫、果蝇和培养的脊椎细胞中表达。与泛素化类似，SUMO修饰导致修饰蛋白末端的甘氨酸残基与底物赖氨酸的匿名氨基结合。修饰的具体途径与泛素化修饰途径非常相似，其中包括几种酶的级联反应：E1激活酶、E2结合酶和E3连接酶，但参与这两种反应途径的酶完全不同。相扑改性的过程包括激活、结合和改性。

SUMO可以改变酵母中的H2A、H2B、H3、H4；SUMO修饰作用可以激活酵母中H2AK126，H2BK6/K7和ork16/K17的转录，Act可以激活酵母中的E2/E3，从而产生组蛋白相扑，削弱酵母中的转录。组蛋白去乙酰化/HMT甲基化组蛋白，HP1被招募形成异染色质。上述过程通常发生在赖氨酸，并且是可逆的生化反应，其生物学功能主要体现在转录沉默和抑制组蛋白的乙酰化和甲基化。许多蛋白与泛素具有序列同源性，这些类似于泛素的蛋白可分为两类：一类是泛素相关类似物、Apg8、Apg12 和具有类似泛素化修饰功能的小泛素相关修饰物；另一类是泛素结构域蛋白。

（2）组蛋白密码

在染色体的多阶段折叠过程中，DNA 必须与组蛋白（H3H4、H2A、H2B 和 H1）结合。研究发现组蛋白在进化过程中被保存下来，但它们通常不被认为是静态结构。组蛋白在翻译后修饰中的变化能够为其他蛋白质和 DNA 的结合提供检测参考并产生协同或拮抗作用。从功能上说，它是一种组蛋白编码的动态转录控制元件。所谓组蛋白编码是针对组蛋白开展的一系列修饰，它结合 DNA 来影响某些基因何时和如何被打开或关闭，组蛋白编码的信息在蛋白质被修饰后仍然可用。组蛋白修饰作为表观遗传学中关键的标志物，扩展了传统遗传密码的内容，其中对氨基酸的修饰更加丰富了遗传信息库，而修饰的生物学效应及其多样性更加证明了其存在。组蛋白编码的基本元素主要包括糖基化、泛素化、羟基化、乙酰化、磷酸化及甲基化等组蛋白的修饰。

（3）组蛋白变体

尽管组蛋白是一种众所周知的保存蛋白，但彼此之间在细胞核上存在不同程度的变异，通过比较氨基酸序列，我们已经确定有些变异可能会显著改变核小体的生物学特性，另一些则位于基因组的某些区域并发挥其生物学功能。5 种组蛋白中（H1、H2A、H2B、H4、H2AX），H1、H2A 和 H2B 具有许多序列的变体，不保守，H4 变体最少且最保守。其中 H2A-B 可以调控激活转录相关的组蛋白，H2A-Bbd 可以导致核小体的结构发生改变，且在失活的 X 染色体内含量非常少。H2A 与 H2AX 具有同源性可以相互替代，在 DNA 的修复进程中具有非常关键的作用。此外，在对果蝇的研究中发现，H3.3 在转录的位点具有明显的核小体的重塑改变。虽然组蛋白 H4 是进化最慢的蛋白质，最近在人的脂肪细胞发现了组蛋白 H4 变体，这些变体包括 HST2H4B 和 HST1H4A-L/H | ST2H4AB/HIST4H4。

2.4.6 组蛋白各修饰的交互作用

组蛋白的磷酸化、甲基化、乙酰化和泛素化可在载核小体上同时发生，基本任何特定的修饰组合都可以向细胞传递不同的转录或激活信息，一些组蛋白修饰也会影响其他邻近的修饰。

2.5 线粒体非编码 RNA

2.5.1 非编码 RNA 概念

人类基因组中约 50%的 DNA 可以转录成 RNA，其中只有 2%可以翻译成蛋白质（mRNA），其余 98%不能翻译成蛋白质，这种不能翻译成蛋白质的 RNA 称为非编码 RNA（ncRNA）。

2.5.2 非编码 RNA 分类

非编码 RNA 主要包括管家非编码 RNA（rRNA、tRNA、scRNA）、短链非编码 RNA（siRNA、miRNA、piRNA）和长链非编码 RNA（lncRNA）。其中，rRNA 是核糖体的一部分，可与蛋白相结合，tRNA 是运输氨基酸的载体，scRNA 负责运输分泌性蛋白及合成内质网定位合成信号识别体。参与 RNA 加工的组成性非编码 RNA 中，snRNA 负责 Canuck 真核细胞 hnRNA 加工剪接，snoRNA（核仁小分子 RNA）具有调控 rRNA 的修饰作用，并与 snRNA 和 tRNA 修饰具有显著的相关性，同时催化性小 RNA 可降解特定的 RNA，并在 RNA 修饰中具有重要的意义。

生物体内多数的非编码 RNA 分子具有调控的作用，长度大于 200bp 的为长链，小于 200bp 的为短链，其中短链非编码 RNA 可分为 microRNA、piRNA 和 endo-siRNA 等。ncRNA 主要包括催化 RNA、类似 mRNA 的 RNA、指导 RNA、tmRNA、端粒酶 RNA、信号识别颗粒 RNA、细胞核小分子 RNA、snoRNA、microRNA、小干扰 RNA 等。

2.5.3 非编码 RNA 生物学功能

目前，非编码 RNA 是表观遗传变化中重要的调控因子，在染色体和基因组的水平上对基因的表达进行调控，并介导细胞的分化增殖等生理过程。非编码 RNA 的生物学功能主要包括：影响染色体的结构，调控转录，参与

RNA 的加工修饰，参与 mRNA 的稳定和翻译调控过程，在细胞发育和分化中的调控作用及调控肿瘤的发生发展进程。

2.5.4 调节性非编码 RNA 调控蛋白质编码基因的表达

（1）lncRNA

lncRNA 曾被认为不具有生物学功能，仅仅是 RNA 聚合酶Ⅱ转录的副产物，是 DNA 中转录的“噪声”，然而，随着研究的深入，越来越多的研究表明，在 X 染色体中，lncRNA 可激活染色质，并可调控转录修饰和沉默基因组的印记、干扰转录及运输等关键的调控进程。lncRNA 是一类分布在细胞核和细胞质中的不能编码蛋白质的 RNA，是长度大于 200nt 的长链非编码序列，无统一命名，可以在转录后、转录中、表观遗传层面进行基因的调控表达，可与不同的分子结合并相互作用。多数的 lncRNA 均包含二级的保守结构，并通过亚细胞或者剪切的形式进行定位。依据在 DNA 中蛋白编码基因的结合位点的不同，lncRNA 被分为基因间 lncRNA、基因内 lncRNA、正义 lncRNA、反义 lncRNA 和双向 lncRNA 五个类型。诸多类型的肿瘤细胞研究表明，肿瘤细胞中 lncRNA 的表达水平会产生异常的变化，因此，lncRNA 的改变可以作为诊断肿瘤的标志物及相关治疗药物的靶点。

（2）siRNA

siRNA 是一类外源性的双链小分子 RNA，其长度一般为 21～25nt，通过 RNA 干扰途径降解靶基因 mRNA，抑制 mRNA 的表达。siRNA 可通过多种不同的转移技术被导入细胞，进而产生特异的基因敲除效应，使 siRNA 成为研究基因功能和医学的重要工具。

（3）miRNA

miRNA 是一类内源性单链 DNA，是发卡状的双链 RNA 在 Dicer 酶和 Drosha 的偶联作用下生成的产物，属于生物基因的表达产物。miRNA 的长度为 21～25nt，且存在于染色体中易于变化的结构区域。miRNA 与靶 mRNA 可以通过两者互补的方式相结合，主要通过 5′端核苷酸序列结合并产生特异性的降解。相同的靶点 mRNA 可以被同一家族的不同 miRNA 所调控。SREBP 是内质网中的一种细胞内胆固醇传感器，可以作为转录因子，促进血浆 LDL 向胞内转运。其中，SREBP 的内含子中包含着 miR-33，而且主要通过介导 ABCA1 实现胆固醇代谢和 HDL 合成的调控作用，进而降低胆固醇的转运过程。此外，目前的研究表明，miRNA 的诱导机理表明 miRNA 和 MIRNA 的特异性状在蛋白 AGO 与 mRNA 之间具有显著的完全互补特性，miRNA 通过调节组蛋白修饰引起染色质转化；miRNA 通过调节 miRNA 表达来介导 DNA 甲基化酶进而引起 DNA 甲基化。

（4）piRNA

piRNA 由于可以在正常的生理状态下偶联 Piwi，因此被称为 piRNA，其分子长度大约为 24～31nt。因为 PcG 蛋白可以偶联表观遗传学因子 Piwi 结合到 PcG 应答的基因组元件上，进而沉默 PcG 的异性同源基因，因此，Piwi 偶联的 piRNA 在调控表观遗传学的过程中也具有重要的意义。

2.6 线粒体表观遗传学应用

越来越多的证据表明，DNA 并不是唯一将遗传信息传递给后代的载体。分析 DNA 甲基化等表观遗传学现象，可以确定表观遗传学在疾病发生发展、环境影响评价、提高采收率和研究抗病性等方面的应用价值。

2.6.1 疾病预测和治疗

近年来，由于饮食习惯、环境污染和工作生活压力加大等多方面因素，癌症、糖尿病、老年痴呆症、精神病等患者呈现增多的迹象。在表观遗传学领域，研究者正在探究疾病的发病机制，这有利于相关疾病的预测和治疗。miRNA-200 的过表达可诱导糖尿病类型的形成和胰岛 Tel-946 细胞的凋亡。糖尿病的形成和胰岛细胞凋亡也与家族因素密切相关，相关的治疗方案主要通过降低 miRNA-200 的表达水平，实现提高胰岛细胞的存活率和治疗糖尿病的作用。此外，记忆的形成也伴随着 DNA 甲基化的表观遗传修饰。这一结果可能为寻找防治阿尔茨海默病（AD）的可能靶点以及阿尔茨海默病的防治奠定基础。

在肿瘤的预后和治疗方面，表观遗传机制也起到了一定的作用。乳腺癌

DNA 甲基转移酶靶基因高度甲基化，在乳腺癌和肿瘤干细胞中表达水平显著降低。乳腺癌细胞会限制肿瘤干细胞的生长，DNA 甲基转移酶靶基因作为乳腺癌治疗的潜在靶点具有重要的应用价值，通过乳腺癌在体内的传播来预防肿瘤抑制基因的甲基化，肿瘤抑制基因的甲基化可以用来预测乳腺癌患者出现肿瘤扩散的可能性，从而确定哪些治疗策略有效。食管癌是消化系统常见肿瘤，目前随着表观遗传学的研究逐渐深入，研究者开始认识到表观遗传学特别是甲基化与恶性肿瘤的形成和发展密切相关。靶向治疗的修饰剂如 DNA 甲基转移酶抑制剂、组蛋白去乙酰化酶等同样具有较好的研究价值。为了显示食管癌表观遗传学改变的进展，需要研究 microRNA、DNA 甲基化和组蛋白修饰在食管癌及其相关癌前病变中的变化。miR-21 是早期 miRs，其基因位于 17q23 号染色体上，Feber 等分析了新鲜冰冻正常上皮（$n=9$）、ESCC（$n=10$）、BACs（$n=10$）和网前病变（$n=6$）的小样本。实验者注意到 miR-21 在食管癌中增加，特别是在淋巴结转移的患者中，由于 ESCCs 和 BAC 不仅由肿瘤细胞组成，而且由不同比例的白细胞组成，因此 miR-21 在食管癌中的表达增加。上述研究将根据所选肿瘤细胞的准确性、miR 的位置和下游分析物来测试 miR-21 的特异性。

目前，对 AD 患者的研究表明，miRNAs 对 AD 的修饰作用表现出反常的调控作用，且失调的 miRNA 主要有 7 种（miR-107、miR-9、miR-108、miR-29、miR-34、miR-106 和 miR-146）。AD 患者中 miR-107、miR-339-5p 的表达水平均表现出显著下调，并伴随 β-淀粉样前体蛋白裂解酶 1（BACE1）上调，最终导致 Aβ 发生改变，其中，miR-339-5p 作为重要的细胞调控分子，介导 BACE1 的表达，因此，miRNA 可作为新的药物靶标。

很少有研究关注或鉴定 ESCCS 中 DNA 的低甲基化。通过 10-ESCCS 选择新鲜冷冻肿瘤组织和正常板上皮细胞，分析其 DNA 甲基化模式。数据显示，肿瘤高甲基化基因*BCL3* 是茎抑制因子的一部分，可以调节 NF 活性 954B 和 TFF1，*BCL3* 或 ttf1dna 甲基化的功能结果和蛋白质表达变化之间存在的关系仍有待澄清。在 BACs Alvarez 等的一项有关基因组甲基化的研究中，对一组新鲜冷冻组织样本进行了平行分析，并结合了 BACs 的组织学及相关的损伤前沿研究，包括：全基因细胞嘧啶甲基化，RNA 文库，基于测序的比较基因组杂交。DNA 甲基化方法基于 Hpall 小片段富集和复合介导的 PCR，应用高通量定量甲基化 PCR 技术对候选基因进行质谱检测，结果表明 DNA 低甲基化在 BAC 早期癌变中的作用优于 DNA 高甲基化。虽然许多受 DNA 甲基化调控的基因已被普遍鉴定，但 DNA 甲基化及其在 ESSCs 和 BACs 中的相关生物学效应和功能尚需进一步研究，以期从分子病理学角度了解其致癌作用，在未来的工作中，靶向 DNA 甲基化的药物成为现实。

2.6.2 细胞衰老的预测及延缓

衰老是指机体生理机能随着年龄的增加而降低的状态，诱导由于机能下降的死亡率提高和年龄相关生殖再生率降低。细胞衰老指不可逆的细胞周期停滞，诱导与年龄相关的细胞固有功能丧失，如细胞内运输及通信功能丧失等[126]。细胞衰老的另一个重要的特征是分泌多种细胞因子、生长因子和基质金属蛋白酶等，构成相关分泌表型（senescence-associated secretory phenotype，SASP）[127]。诱导细胞衰老的进程主要包括端粒缩短、氧化应激等，诱发衰老的信号通路则主要包括两条：p16-Rb 和 p53-p21。p16 可与 CDK4/6 结合，减弱 Rb 磷酸化，进而阻断细胞周期 G1 期向 S 期转化。p53 是衰老细胞中表达的肿瘤抑制因子，一般处于失活的状态，只有在细胞应激诱导的 DNA 损伤时，p53 活化，上调 p21，抑制 Rb 磷酸化，细胞生长停滞。

衰老是多种组织协同作用产生的复杂过程，揭示衰老的表观遗传机制将有利于提出更有效的抗衰老策略。线粒体衰老并不仅仅是线粒体 DNA 突变的积累，而受表观遗传学的控制，其中包含可逆化修饰的染色质结构的改变，主要包括 microRNA、组蛋白乙酰化和 DNA 甲基化的调控过程。衰老过程伴随着表观遗传学特征的改变，同多种衰老相关的疾病具有显著的相关性。由于线粒体是能量代谢的重要组织，其功能的损坏可以通过线粒体-核通路诱发应激信号，介导核基因表达的改变，这种信号被称为线粒体负反馈（retrograde response，RTG）[128]。研究表明，三羧酸循环的中间产物（琥珀酸及延胡索酸等）可介导组蛋白甲基化、组蛋白乙酰化及 DNA 等表观修饰，基于表达进行表型的改变，使得生物体适应不断变化的环境条件，进而构成保守的进化信号负反馈机理（图 2-3）[129]。

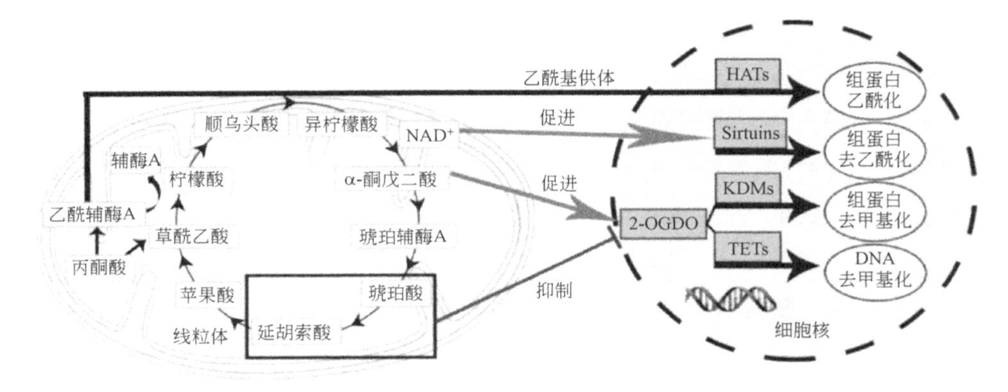

图 2-3　三羧酸循环中间产物对表观遗传修饰的影响

HATs—组蛋白乙酰转移酶；Sirtuins—组蛋白去乙酰化酶；

KDMs—组蛋白去甲基化酶；TETs—去甲基化酶

2.6.3　环境因素安全评价

根据 1958～2002 年经典孪生研究的统计数据，可以看出环境和遗传因素对个体差异的影响在全部的影响因素中至少占据 1/2，有些特征受环境的影响更为显著。事实证明，环境中的心理和营养信息与疾病密切相关。以营养信息与表观遗传现象之间的关系为例，2015 年 12 月发表在《细胞代谢杂志》上的一篇文章证实，男性的体重会影响精子的表观遗传，从而将父亲的营养信息传递给后代，甚至影响后代的肥胖。2015 年 12 月发表在《科学》杂志上的研究结果也证实，雄性小鼠的饮食习惯已经通过精子以 RNA 片段的形式传递给后代，后代的基因表达也受到了损害。如果父亲能影响后代的健康，他们可以考虑给男人一些关于饮食和环境的合理建议。

最新的研究还发现，X 染色体失活可能是男孩比女孩在体外出生数量较多的真正原因。研究人员在胚胎植入前向体外受精小鼠的培养环境中添加维 A 酸，有效地逆转了小鼠的性关系。这项研究可能表明，通过改变体外受精胚胎植入前的生长环境，可以逆转胚胎的生殖-发育不平衡。因此表观遗传学调控、多能干细胞的分化繁殖及自我再生可以作为相关疾病的靶向研究治疗。随着表观遗传学的研究愈加深入，其应用前景越来越广泛，与人类的关系也日益密切。科学的发展永无止境，研究者需不断探究表观遗传学的其他秘密。

2.6.4 各种肿瘤中的表观遗传学及预测诊断标志物

肿瘤细胞与正常的细胞相比，线粒体的形态、结构和功能都发生显著的变化，可以诱导肿瘤细胞中的线粒体产生高的代谢变异，并更容易受到线粒体的影响。线粒体表观遗传学中的DNA甲基化酶是肿瘤发生的关键基因表达的重要调控因子。在线粒体中发现了甲基化酶DNMT3A和DNMT3B，其具有氧化还原依赖性和脱羟甲基化酶活性，可以将5hmC转化为胞嘧啶，在基因的表达调控过程中起到了重要的作用。因此，以线粒体为靶向的肿瘤治疗方法，其主要原理为诱导靶向肿瘤细胞的线粒体功能紊乱或者介导线粒体膜提高通透性，从而导致细胞死亡，这对于相关药物的研发具有指导价值，对肿瘤的治疗具有重要的意义。如DNA甲基化等表观遗传修饰基因表达的过程中，组蛋白修饰和基因组精细打印等研究证明，表观遗传学与基因的突变等均是诱导肿瘤发生发展的重要因子之一。

结直肠癌是死亡率最高的恶性肿瘤之一，世界上每年的新增病例高达120万，且致死率约达1/2。传统的观点认为，结直肠癌的致病机理是由于外界刺激下介导的致癌因子导致DNA基因的突变，进而导致细胞及线粒体的异常失控。然而，近年来的研究发现尽管DNA系类的突变对相关癌症的发生发展具有关键的调控和诱发的功能，表观遗传学的调控作为独立不依赖于DNA调控的遗传调控机理，为结直肠癌的预防、诊断和治疗的研究提供了新的理论依据。

（1）表观遗传学分子机制与结直肠癌

1）DNA甲基化与结直肠癌

DNA甲基化是在DNA甲基酶的调控下将甲硫氨酸内的甲基转移到胞嘧啶5-碳原子上，从而产生5mC来改变基因表达的进程，主要包括基因组的低甲基化和位于CpG岛的高甲基化两种。在结肠癌的研究发现，整个基因组的低甲基化和CpG岛的高甲基化这两种表观遗传学的改变在调控遗传不安全性的方面起着关键作用。结直肠癌的研究表明，存在整个基因组的低甲基化和CpG岛区基因的高甲基化同时出现的状况，其中前者可将DNA甲基化的程度降低到正常细胞的30%左右，从而激活重复序列的转录，导致基因极度不稳定。然而后者可降低抑瘤基因启动子区 CpG 岛甲基化介导的转录进程，这可作为肿瘤增生的标志物。

2）组蛋白修饰与结直肠癌

真核细胞的基因组 DNA 主要包括 RNA、DNA 组蛋白和非组蛋白，而组蛋白修饰主要是通过位于 N 末端的序列进行甲基化、泛素化、乙酰化及磷酸化等调控行为。组蛋白的修饰均可调控介导不同染色质和组蛋白的结合力，进而介导染色质和核小体的结构，导致基因组转录的改变，修饰主要为甲基化和乙酰化。不同氨基存在于不同的组蛋白末端，如 H3 和 H4 的末端分别含有不同数量的 Lys 和 Ser，表现出与结直肠癌不同的调控功能，在其发生发展的进程中具有重要的作用。

3）基因组印记

基因组印记是一种不符合孟德尔定律的现象，它依赖于一个亲本传递一些遗传特征，即有些基因在一个单一等位基因中表达，而另一个等位基因则不表达。如果 DOD 同时在两个等位基因中表达，则会发生肿瘤、葡萄胎和畸胎瘤，这是一种由遗传印记丧失引起的肿瘤。基因组印迹检测表明，胰岛素样生长因子 Phantom8545（*KF2*）的丢失在结肠癌的发生发展中具有重要意义。*DF2* 是第一个被证实的内源性 print 基因。*KF2* 基因可促进肿瘤细胞生长。结果表明，*DF2* 可以作为结肠癌的标记物，这对结肠癌的早期发现、诊断和治疗均具有重要的意义。

（2）表观遗传学在肿瘤早期诊断中的应用

表观遗传学包括 RNA、蛋白质、DNA 三方面的表达特征，可作为肿瘤的早期诊断和预测的重要标记物。目前，DNA 的甲基化的异常改变更为广泛，且通常发生在肿瘤细胞癌变的早期，比 DNA 的突变检测更加敏感。因此，CpG 岛甲基化的技术通常被作为有效的检测手段，其中 PCR 特异性引物的分析已经应用于临床检测。由于不同的肿瘤均对应含有特定的甲基化启动子，因此，构建不同甲基化卡片可为肿瘤的早期预警、风险评估及肿瘤预后提供关键的信号。与 DNA 的遗传改变相比较，表观遗传的调控是可逆的，且不同基因如 *APC*、*ATM*、*Mih1*、*SFP2*、*HLTF*、*MGMT* 和*gsrp1* 甲基化对结肠癌的敏感性高达 68%以上，使其成为肿瘤治疗的重要靶点，为肿瘤的靶向治疗提供了新的可能性。大量的研究证明，通过抑制组蛋白去乙酰化酶和DNA甲基转移酶的活性可达到一定的肿瘤靶向治疗的效果，但是其没有专一性且具有一定的副作用，提示需要对临床应用进行进一步的研究。然而，表观遗传病的发病机制和相互作用方式多种多样，提示联合治疗可能是一种很好的策略。

综上，表观遗传学研究不再允许我们在结肠癌的发生和发展中保持基因水平的变化。基因修饰异常在肿瘤的形成和发展中起着更为普遍和重要的作用。其作用机制的阐明将为研究结肠癌的发病机制提供更广阔的途径，对结肠癌的诊断、治疗和预防具有重要意义。

2.7 本章小结

近年来，线粒体表观遗传学的研究越来越受到重视。目前，研究主要集中在线粒体DNA甲基化和羟甲基化的过程。然而，研究线粒体DNA表观遗传学在疾病中的作用及其治疗目标必须将重点放在它们之间的相互作用方式和调节能力上，通过运用线粒体全基因组分析方法，线粒体DNA甲基化异常的破坏策略和线粒体的表观遗传学可能成为药物干预的新目标。检测技术和设备的发展将进一步深化线粒体表观遗传靶点的检测。基于线粒体表观遗传学的研究表明，该思路有疗效好、副作用少、药物安全等特点，具有重要的研究价值。

在外界环境、药物或者ROS刺激的共同作用下，线粒体mtDNA的特定异质位点甲基化和总甲基化的表观遗传学修饰可以诱导机体发生相应的病理变化。mtDNA碱基的甲基化主要是利用分离和纯化的手段，来完成小的样本中DNA全基因组的甲基化，从而分辨单个碱基，进而进行DNA甲基化点位的测定，主要包括BSP法和MSP法。测定的方法主要包括微阵列杂交法、特异性抗体乳化变性DNA法和亚硫酸氢盐法等。在不受顺序限制的情况下，可对5mC和5hmC进行清晰的分离和特异性定量。纳米孔测序可直接指向5mC测序，它可以在不经亚硫酸盐处理的情况下进行测序，开启了高通量DNA甲基化分析的新革命。甲基化技术用于mtDNA的定量分析是生物学学科及生命科学的关键的发展方向。构建癌症或者神经退行性疾病的mtDNA特异性甲基化图谱，可以通过查找相关疾病对应的特异性线粒体表观遗传修饰的生物学标记物，对研发特异性的靶向和修饰 TETs 等活性药物具有重要的意义。它们通过增加线粒体生物膜的通透性，从而人工抑制 mtDNA 的甲基化，最新发展的线粒体肿瘤治疗策略为肿瘤免疫治疗和 CRISP-Cas9 系统基因治疗。与此同时，线粒体酶活性也是测定线粒体 mtDNA 甲基化功能的重要指标之一。相关研究表明，哺乳动物线粒体中 TETs 酶和 mtDNMT1 酶的活性对线粒体羟甲基化和 mtDNA 甲基化具有显著的相关性。有针对性地开展表观遗传酶与线粒体表观遗传产物及表观遗传调控机制间在病理条件下的偶联和代谢反应及调控机制的研究，将有利于精准调节线粒体的表观遗传学机制，为线粒体与不同组织间的协同耦合遗传串扰的机理研究提供理论依据。

第3章 ▸▸

线粒体动力学及其对代谢的调控

3.1 概述

线粒体使用多种碳燃料来产生ATP和代谢物，包括糖酵解产生的丙酮酸、谷氨酰胺和氨基酸等脂肪酸。这些碳燃料在线粒体基质中进入TCA循环，产生还原当量的NADH和$FADH_2$。线粒体是一种复杂的器官细胞，在细胞功能的许多方面发挥着重要作用，从新陈代谢到免疫调节和细胞死亡，线粒体积极参与各种细胞过程和分子间的相互作用，如钙缓冲、脂质流动和细胞内信号。越来越多的人认识到线粒体功能障碍是许多疾病的标志、如肥胖/糖尿病、癌症、心血管疾病和神经退行性疾病。由于上皮电流牵引和其他功能的影响，线粒体代谢是肿瘤进展的决定性因素。线粒体代谢和衍生的表观遗传改变与肿瘤对靶向治疗的反应有关。

为了生存，生命必须有一个持续的能量供应，线粒体起着能量供应站的作用，不论是对于氨基酸还是脂肪抑或者是糖来讲，线粒体都是其被氧化的地方，在线粒体内部的内膜之中也涵盖了呼吸链酶群，其主要的构成部分是五种酶复合物：NADH-Q还原酶、琥珀酸-Q还原酶、细胞色素还原酶、细胞色素氧化酶、ATP合成酶。氨基酸和脂肪的氧化过程主要就是氧化磷酸化和三羧酸循环。经过研究三羧酸循环发现，其主要是在线粒体基质内部完成，而氧化磷酸化过程主要是在呼吸道酶组分的参与下实现。在经过三羧酸循环之后，其最终产物有三种：CO_2、NADH和$FADH_2$。$FADH_2$和NADH会来到内膜呼吸链，同时顺着呼吸链内部的酶组分传输，在这个过程中能源被释放之后就会把基质内部的H^+传输至内膜外部，呼吸链终端的电子会把O_2经过某种方式还原为H_2O，而H^+会在其作用的影响下借助电化学梯度将能量释放出去，从而确保基质传输到内膜位置上，并在内膜中释放ATP，在内膜ATP合成酶的影响下，Pi及ADP融合在一起产生ATP。而ATP本身就是利用及储存生物体能量的中心，细胞进行生命活动需要具备的能量绝大部分都以ATP的形式产生。线粒体跨膜电化学梯度不仅能产生ATP，同时还具有其他电化学梯度的主要功能，即通过大分子通透性转移孔道（macromolecular permeability transfer channel，MPTP）摄取Ca^{2+}，这样也能够将细胞质内部的游离钙维持在低浓度，同时能够精准地调整浓度，除此之外还能调整内环境稳定性。

3.2 线粒体的代谢途径

线粒体是微小的细胞器，呈短棒状或圆球状，在很多真核细胞内部存在，是细胞呼吸的源动力。具有生物差异性的组织，其内部线粒体数量也存在很大差异。众多细胞都具备无数的线粒体，而有的细胞仅具有一个线粒体。整体上来讲，当代谢活动越频繁、旺盛，细胞就具有越多的线粒体。

线粒体是细胞能量工厂。它们的主要任务是消耗氧气来“燃烧”三种重要的营养物质（糖、脂肪和氨基酸），产生一种能量“货币”（三磷酸腺苷，该过程即有氧呼吸）。没有线粒体，人类就不复存在，高等生物的生命活动必须消耗大量的能量和厌氧糖酵解产生的ATP。一个人每天都要分解相当于其重量1/16的ATP。一般情况下，人体内没有储存这么多ATP，体内所有ATP分子的总重量只有50g左右。事实上，每一个ATP分子每天都要重复使用1000～1500次，能量转换的速度取决于线粒体的有效工作。

在细胞质基质上，1摩尔葡萄糖能分解产生2摩尔丙酮酸，并脱下4摩尔[H]；葡萄糖分解能够释放出少部分能量，还有一部分能量用于合成ATP。

具体反应式：$C_6H_{12}O_6 \xrightarrow{\text{酶}}$ 少部分ATP+2丙酮酸+4[H]

在丙酮酸进入线粒体基质之后，2摩尔丙酮酸可生成20摩尔[H]，将一部分丙酮氧化分解生成二氧化碳；该过程能够释放部分能量。

具体反应式：$6H_2O+2$丙酮酸$\xrightarrow{酶}6CO_2+20[H]+$少量ATP

线粒体内膜中，之前两个阶段每摩尔葡萄糖总计可去除24摩尔［H］，这些［H］能够与叶绿体光合作用产生的O_2结合生成水，该过程可释放大量能量。

具体反应式：$6O_2+24[H]\xrightarrow{酶}12H_2O+$大量ATP

大约15亿年前，一些“小访客”进入细胞，这些细胞后来就发展成了包括人类在内的所有动植物，这些“访客”就是线粒体，其主要任务是产生细胞生存所需的能量。线粒体有自己的DNA，与人类其他组织细胞拥有的大量基因相比，几乎微不足道。

据伯明翰阿拉巴马大学的斯科特·巴林格博士发表在*Ebio Medicine*的研究，这些小线粒体可能对细胞代谢和代谢疾病的易感性有更大的影响。50多年来，人们认识到孟德尔遗传学只能解释10%的人类应对疾病的易感性。mtDNA对疾病易感性的关键影响因子有2个：

① 对于人类来讲，mtDNA均遗传于母亲；

② 人类线粒体DNA已经进化成不同的单倍型，目前有25～35个基本的线粒体DNA单倍型。

线粒体的功能是代谢平衡的基础，另外，营养物质流动转化为能量分子ATP，ATP是线粒体产生的一种中间产物。在活性氧（ROS）合成代谢过程中ATP发挥关键作用，当ATP的生成出现障碍，会直接影响机体正常代谢功能，引起如糖尿病、AD、肥胖及癌症等。但是，导致线粒体代谢功能紊乱的最初诱导目前尚不清楚，近年来，研究人员为解决这些复杂问题作出了很大努力。线粒体衰老理论中的功能亢进假说、SMRT视黄酸和甲状腺激素受体沉默中介蛋白和线粒体氧化（包括线粒体ROS）在线粒体衰老过程中可以发挥新的作用，如：糖尿病和肥胖患者的线粒体容量（如脂肪酸氧化、氧化磷酸化ATP合成）和可塑性（如对内分泌和代谢变化的反应以及热量摄入的限制）降低；线粒体能量适应癌症发展，H^+-ATP酶调控细胞周期和增殖介导的线粒体氧化磷酸化、氧化产物和细胞死亡信号的新观点，将促进研究人员对线粒体功能障碍代谢紊乱产生更清晰的认识。

3.3 线粒体损伤途径

线粒体损伤机制与其超微结构的病理变化相关，随着线粒体数量的持续降低，其结构也逐渐模糊，并且随之产生肿胀、空泡线粒体嵴断裂的情况。通常，线粒体损伤的方式为通过线粒体动力学改变线粒体能量代谢。

3.3.1 线粒体能量代谢途径

线粒体能量代谢通常涵盖的环节有 2 个：

① 氧化呼吸链；

② 三羧酸循环。

当其中某个环节内部的代谢出现问题，就会使线粒体能量代谢产生一定的障碍。例如，以老年痴呆患者为主要研究对象，其主要病理就是脑组织代谢功能障碍，这一点同海马神经元细胞线粒体有关的能量代谢存在较为紧密的关联性。线粒体能量代谢通常基于 Aβ 诱导亚铁血红素降低与能量代谢有关的酶活性。Aβ 能够与亚铁血红素结合产生 Aβ-亚铁血红素复合物，同时抑制产生亚铁血红素的速度和效率，特别是抑制亚铁血红素 a 的产生，也就是 COX 亚基的构成，最终导致 COX 的生成。不仅如此，Aβ 还能与 Aβ-结合性酒精脱氢酶蛋白（ABAD）融合，从而生成复合物，抑制 NAD^+ 的产生，由此导致复合体（COX）活性出现下滑，使电子传递受到影响，ROS 大规模积聚，同时 ATP 降低，最后使线粒体能量代谢受到影响。不仅如此，COX 数量降低也受到了其他因素的影响，即受到 APP 蛋白的影响使得 COXVb 和 COX 传输到线粒体内膜的动作受到阻碍，致使功能 COX 数量呈现出下滑的趋势。因此，研究靶点的作用机制，对探讨与线粒体代谢相关的病理机制具有一定的重要意义。

3.3.2 线粒体动力学途径

线粒体动力学是维持细胞内能量的关键组织，是线粒体分裂和融合的动态过程。其主要是通过线粒体融合分裂相关的蛋白酶（DLP1、Fis1、OPA1及Mfn等）调控线粒体动力学的过程，进而介导机体的生理病理等进程。现代研究方法主要通过实时动态观测可见线粒体动态的分裂及融合过程，以及蛇形运动；而静态技术则可以观察线粒体分裂或融合后的线粒体形态，因此，当线粒体在相关蛋白酶的调控下达到分裂融合的平衡时，才能实现线粒体功能的稳定性。相反的，如在海马神经元中的线粒体，在过表达APP的刺激下，Aβ可以导致线粒体动力学的平衡被打破，导致线粒体融合受阻碍，而片段化加剧，最终导致线粒体功能发生紊乱，这与线粒体融合蛋白被抑制或线粒体分裂蛋白过表达直接相关。因此，深入研究线粒体动力学相关蛋白在病理因素的刺激下的异常表达，对于相关疾病的临床防治具有重要的意义。

3.3.3 线粒体通透性转换孔途径

线粒体通透性转换孔（mitochondrial permeability transition pore，MPTP），又称为线粒体通道（megachanel），是位于线粒体内外膜之间由蛋白质构成的通道，是渗透转换功能的基础结构，主要由位于基质蛋白亲环蛋白D（CypD）、外膜的阴离子通道（VDAC）及内膜的腺苷酸转运蛋白（ANT）组成。线粒体通透性膜损伤的机制主要是MPTP的启动过程，主要由CypD与分子磷酸载体的结合开启，开放MPTP，导致线粒体膜通透性出现表观变化，诱发细胞病变或凋亡。对神经元细胞的研究发现，Aβ的聚集可导致CytD表达显著增加，且特异性结合成复合物，从而诱导MPTP开放，使膜通透性失衡。因此，通过靶向调控CypD，可改变MPTP的通透度，恢复线粒体膜内外渗透的平衡，对于预防控制线粒体相关疾病起着关键的调控作用。

3.4 线粒体代谢在生物学过程中的作用

3.4.1 线粒体代谢异常在衰老过程中发挥重要作用

线粒体主要通过氧化磷酸化（oxidative phosphorylation，OXPHOS）

为机体提供 ATP 能量，其中基本代谢物与辅助因子（脂肪酸及铁硫簇等）也对细胞的合成和分解代谢反应具有重要的作用。同时，线粒体另一重要作用为激活细胞凋亡、调节 Ca^{2+} 稳定、调控细胞分裂融合等生理过程的信号传输，对维持线粒体内稳态及组织的正常生理状态具有至关重要的作用。然而线粒体的功能受损主要包括：ROS 过量表达、AMP 相关的蛋白激酶活化［Adenosine 5′-monophosphate（AMP）-activated protein kinase，AMPK］、线粒体 NAD^+ 减少，线粒体受损会导致细胞衰老。线粒体最重要的代谢反应为三羧酸循环（tricarboxylic acid cycle，TCA），即 Krebs 循环。基于循环中代谢物是否能被线粒体内膜渗透，需要利用 3 种［α-KG、柠檬酸盐（citrate carrier，CIC）、二羧基酸盐（dicarboxylate carrier，DIC）］载体将代谢物通过线粒体内膜外排和导入，进而介导 α-KG 依赖的双加氧酶（2-oxoglutarate-dependent dioxygenases，2-OGDO）的调控和表观遗传调控。因此，关于线粒体的调控有了新发现，即可通过调节代谢物的产生来调控线粒体的功能，线粒体调控在三羧酸循环中起着至关重要的作用。另外，氧化磷酸化和电子传递链相耦合，实现 ADP 向 ATP 的转换，涉及 NADH 和黄素腺嘌呤二核苷酸（flavin adenine dinucleotide，$FADH_2$）向分子氧的转化，进而导致由 ROS 提高和 NADH 及 $FADH_2$ 导致的线粒体损伤，最终抑制三羧酸循环酶的活性，诱导中间体的聚集，介导 2-OGDO 活性，干扰神经元细胞功能。衰老过程中线粒体形态及线粒体动力学调控发生紊乱，线粒体动力学又是介导能量代谢的一项重要的调控机理。氧化应激等都是通过扰乱氧化磷酸过程导致损害线粒体的稳定进而影响细胞的能量代谢的，表明衰老及其相关的疾病与增加的氧化压力与线粒体能量代谢的变化具有显著的相关性。

3.4.2 线粒体代谢紊乱通过诱导表观遗传诱导线粒体相关疾病

线粒体与细胞核之间存在着复杂的调控关系。线粒体蛋白组由大约 1500 个蛋白质组成，由线粒体和核基因组编码。虽然电子传递链的 13 种基本蛋白等是由线粒体 DNA 编码的，但绝大多数线粒体蛋白都是在细胞核中编码。由于线粒体是能量代谢的重要参与者，其功能的破坏可以通过线粒体核通路触发应激信号，从而诱导核基因表达的变化，这种信号也被称为线粒体负反馈。最新研究表明[130]，三羧酸循环的某些中间产物，如 α-KG、琥珀酸、延胡索酸等，可以调节 DNA 及组蛋白甲基化，以及组蛋白乙酰化等表观修饰的水平，影响基因表达进而产生表型改变，使生物体适应不断变化的环境条件，从而形成一种进化上保守的负反馈信号机制。

线粒体功能的改变发生在所有人类疾病中，但线粒体疾病是一组代谢性疾病，其特征是线粒体呼吸道氧化磷酸化在线粒体脱氧核糖核酸 mtDNA 或核脱氧核糖核酸 nDNA 的影响下出现功能紊乱。临床上可能涉及单个或多个系统，线粒体疾病的诊断和治疗需要跨学科的知识，在我国，有关线粒体疾病的报道越来越多，涉及许多临床学科。

(1) 发病机制

人体内所有类型的细胞活动都需要能量。能量是由糖、脂肪和蛋白质的降解产生的。产生能量的器官是线粒体，细胞内不同的线粒体通过小的微管形成动态的网络结构，参与氨基酸、脂肪和类固醇的代谢、丙酮酸的氧化、三羧酸的循环和糖的生成，其中线粒体最重要的功能是以 ATP 为代表物质的代谢，上述线粒体功能的完成主要依赖于呼吸道氧化磷酸化的完整过程以及 mtDNA 和 mtDNA 调控相关蛋白的表达过程。卵细胞是受精卵线粒体的源头，线粒体疾病的遗传主要由 nDNA 和遗传母体上 mtDNA 的突变所引起。线粒体相关疾病的致病因素主要是常染色体遗传，在人体不同器官中线粒体的数量有很大的差异。高能量需求的心肌和胰腺细胞往往含有大量的线粒体，由这些细胞组成的器官往往首先参与线粒体疾病，值得注意的是，当线粒体 mtDNA 突变在细胞中的比例达到一定水平时，线粒体疾病细胞中只有部分线粒体发生突变，在不同患者中器官的病变程度和临床表现有非常大的差别，主要是由于未突变和突变的 mtDNA 的比率是非常不同的，甚至在同一患者的同一组织或不同患者的同一组织的细胞中也有十分显著的差异，即表现出 mtDNA 遗传的异质性。而且 nDNA 遗传性线粒体疾病的临床异质性在某些亚型中也很明显，因此，相同的基因突变可以导致许多疾病的疾病谱。

(2) 不同类型线粒体疾病的病理改变可引起不同的器官损害

相应的细胞病理改变及中枢神经系统损害的病理性质多为 Leigh 综合征的疾病，这些变化大多为灰色病灶且呈对称性分布，线粒体脑病常伴发高乳血症和中风等，其中有多种病理改变，病变主要发生在扩展大脑皮层的颞区、顶叶区和枕区，影响皮层局部单层、多层或全层，电镜下可见微血管内皮细胞、平滑肌细胞线粒体数量增多。周围神经受损后，最常见的表现是轴突丢失，其余轴突中线粒体增多、积聚，累及骨骼肌，线粒体增生形成不规则的红色外周纤维，并且琥珀酸脱氢酶染色较深的肌纤维和细胞色素氧化酶C阴性的肌纤维均出现老化，肌纤维线粒体数量、体积和形态明显异常，线粒体嵴排列紊乱，有大小不等的晶体包裹体。

3.4.3 线粒体功能异常引起的疾病研究进展

线粒体与人类疾病、细胞凋亡和衰老具有密切的相关性，线粒体的代谢异常导致整个细胞的功能产生紊乱，从而导致线粒体相关的病理产生变化，大量的相关研究表明，肿瘤、帕金森病、糖尿病、阿尔茨海默病等疾病的发生和发展与线粒体功能紊乱具有显著的相关性。

3.4.3.1 线粒体和心肌重塑、心血管和心血管疾病

肌肉形成障碍是大多数心血管疾病的核心。心脏能够适应压力和容积负荷分子层次的变化，而心肌细胞可导致心肌的解剖重建。尽管心脏可以对外界刺激进行适应性改变，但持续的心脏肥大和重塑几乎不可避免地会导致进行性肌肉功能障碍、心力衰竭，最终导致机体死亡。心肌重塑的功能之一是利用线粒体功能修复逐渐受损的心脏，它是人体内耗氧量最高的一种功能，因此，为了维持心肌细胞的高代谢，大量的线粒体组成了一个复杂的网络，并在Ca^{2+}缓冲液和ER的作用下不断更新，该过程在很大程度上取决于线粒体代谢：如果有供氧的风险，高电子传递链释放电子导致氧化应激和线粒体功能衰竭，这三个方面的线粒体功能（ROS信号的Ca^{2+}处理和线粒体动力学）是肌肉正常平衡的关键。

3.4.3.2 线粒体与帕金森病

帕金森病作为与年龄相关的中枢神经系统退行性疾病，主要的临床表现为震颤、运动迟缓等。线粒体相关的研究证明，microRNA与帕金森病密切相关。miRNAs不仅与神经退行性疾病密切相关，而且与线粒体的调控和

疾病的发生相关，为神经细胞的靶点。TNF-α 主要通过神经细胞 SH-SY5Y 介导细胞凋亡并参与调控 miRNA 介导的线粒体功能。已有研究表明，提高 TNF-α 将改变 miRNA 靶向的线粒体复合物子亚基，减少 ATP 合成，提高 ROS 水平，诱发线粒体自噬及复合体 I 失调，线粒体氧化应激，最终导致细胞死亡。在对小鼠的研究中发现了与人类帕金森病相似的结果，多巴胺神经元 Dicer 酶的失活，导致运动减少[131]。对脑模型研究发现，在患者中 miR-133B 显著降低，其靶点位 Pitx3（多巴胺富集转录因子）活性降低甚至丧失活性。在患有帕金森病的小鼠模型中，Pitx3 显著下降，呈现负反馈调节机制。对于患者脑组织研究表明，miRNA 的表达存在不同的现象，伴随着 miR-34b/c 集群的降低。通过对多巴胺能神经元细胞进行了解，由于 miRNA 减少，细胞活力下降，同时还产生了线粒体功能障碍，而以上问题可以在初期被检测出来。基于此，研究并观测机体表观遗传修饰对于预防和控制神经系统疾病具有积极效果。

3.4.3.3 线粒体与阿尔茨海默病

阿尔茨海默病与线粒体功能之间存在密切的相关性，以阿尔茨海默病为观察对象，其本身属于老年性痴呆的形式。截至目前，针对该疾病的研究种类有很多，而在这些研究之中最受关注的就是自由基的出现、能量代谢以及线粒体衰老等。当线粒体功能紊乱时会出现很多问题，如 AD 患者自身的脑组织会出现氧化，大脑内部葡萄糖的使用量相较于正常人会减少，同时脑脊液内部的乳酸水平会随之提升，而延胡索酸、琥珀酸以及谷氨酰胺水平会降低，这些都说明 AD 患者自身的脑肿瘤本身的氧化代谢过程受到阻碍。当细胞数量增加的时候，自由基出现并产生氧化损伤，最终导致阿尔茨海默病患者神经细胞凋亡。

经过近些年的分析及研究可以看出，miRNAs 本身的反常修饰对阿尔兹海默症的产生具有极其关键的影响，截至目前失调的 miRNA 主要涵盖 miR-181、miR-107 以及 iR-146 等。早期阶段研究发现，miR-107 会减少，同时 β-淀粉样前体蛋白裂解酶 1（BACE1）增加，进而影响 Aβ 的产生[132]。此外，miR-29a/b 也是调控 BACE1 的关键因子，会随着老年化而增加，且发生重排。同时，miR-339-5p 作为人脑细胞中重要的调节器，会介导

BACE1 蛋白的表达，减少其在脑组织中的数量[133]。miR-9 作为一种高度保守的 miRNA，是最常失控的 miRNA，其主要作用目标包括神经丝重链（NFH）及 SIRT1。

3.4.3.4 线粒体糖尿病

鸟嘌呤取代腺嘌呤在线粒体 DNA 基因的 3243 位，提示突变引起线粒体 DNA 的转录和翻译异常，导致线粒体 DNA 氧化磷酸化过程受损，同时产生大量超出线粒体清除能力的自由基，导致线粒体的功能进一步受到损害，甚至导致细胞的凋亡，骨骼肌氧化磷酸化过程紊乱，降低葡萄糖的吸收。提高肌肉中的糖酵解可以提高乳酸的循环及肝脏的血糖。线粒体糖尿病是一种单一的致病类型的糖尿病。在最新的糖尿病分类中，它被认为是一种特殊的糖尿病类型，属于细胞遗传缺陷病。

3.4.3.5 线粒体与肿瘤

肿瘤与线粒体之间的关联性：从理论上来看，肿瘤的出现以及发展本身就是极其复杂的过程，其同抑癌基因失活和癌基因激活等具有极大的相关性。近年，很多研究人员着手于线粒体的分析和研究工作中。线粒体对肿瘤的出现及发展起到了极大的作用，一般来讲，肿瘤的出现也伴随着线粒体细胞膜异常。在线粒体外膜中包含两个重要的物质，一个是苯二氮类受体（PBR），另一个是通透性转换通道复合物（PTPC），这两种物质都能够调控细胞凋亡的进程。其中，PTPC 组分的变化可导致 PTPC 蛋白的过度表达和对肿瘤细胞凋亡的耐受性，线粒体呼吸道的缺陷与肿瘤的发生发展密切相关，线粒体呼吸链缺陷导致细胞分化和肿瘤转化，氧化磷酸化是大多数正常细胞产生 ATP 的重要途径，许多肿瘤细胞线粒体 ATP 酶复合亚基的表达明显减少，任何降低线粒体氧化磷酸化功能的作用，都能促进转化细胞或肿瘤细胞在氧化组织和呼吸酶复合物中的增殖，线粒体生物氧化的减少与肿瘤细胞的快速生长和侵袭密切相关。

3.4.3.6 线粒体与神经系统疾病

根据临床表现，神经系统线粒体疾病可分为不同的疾病综合征及不同的

Ⅰ型临床类型，随着线粒体医学临床研究的不断发展，越来越多的亚型临床工作疾病谱系不断扩大，导致类型划分存在困难，临床工作可分为常见类型和罕见类型两大类。

（1）常见类型

① 线粒体脑病伴高乳酸盐血症及癫痫等卒中：具有母体遗传特征，多为40岁以前，特别是儿童期，主要临床特征为癫痫等反复发作，表现为不同类型的癫痫、头痛、皮质盲、呕吐、发热，伴有痴呆、精神障碍，多伴有四肢功能障碍、听力减退、身材矮小、多毛等症状，部分患者有糖尿病、心肌病、肾病等，视网膜病变和胃肠道疾病。患者在中风发作后10～15年内死亡，尤其是中风患者，如中风前。

② Leigh综合征：母亲遗传或常染色体遗传，婴儿癫痫的主要表现是智力和运动发育迟缓，其次是四肢动，各种类型的癫痫发作，伴有眼动、共济失调、球脑症、视力减退、听力减退、呼吸节律异常、中枢性呼吸衰竭，随病情发展，发病数月或数年后死亡，晚期手术患者病程长，主要表现为极度虚弱、共济失调和延髓性麻痹。

③ 肝脏遗传性视神经病变：产妇，85%为男性，5～55岁为急性或亚急性疾病，主要症状为视力丧失，体检显示双眼中心视野丧失，瞳孔反射保留，偶见心搏骤停、痉挛性截瘫或肌张力障碍。

④ 慢性进行性眼外麻痹：多为散发性产妇，部分为常染色体，多数处于青春期，先表现出对称性和持续性上睑下垂，后表现出眼球运动障碍，吞咽试验显示许多患者吞咽困难，有些患者在发病时颈部无力，出现中枢神经或周围神经损伤时，应考虑线粒体疾病的其他亚型。

（2）罕见类型

① 肌阵挛性癫痫伴不整红边纤维：母系遗传，多在儿童期发病。通常所表现的就是产生不同类型的癫痫，尤其是肌阵挛癫痫，这些患者之中有部分患者会出现痴呆、四肢肌无力以及小脑性共济失调的情况，同时也有一定数量的患者产生视力下降以及耳聋情况。

② 以Kearn-Sayre综合征为例：其属于母系遗传，通常情况下患者发病的时间在20岁之内。一般呈现出的症状是持续性眼外肌瘫痪，随后产生心肌病以及视网膜色素变性，部分患者会出现体型矮小和小脑性共济失调等

情况，这些患者绝大部分都会猝死于心肌病。

③ 以线粒体神经胃肠脑肌病为观察对象：该病情发病的时间一般在青少年期。该病情的主要症状是胃肠神经病以及眼外肌瘫痪。一般都会出现感音神经性耳聋以及周围神经病。患者大部分死于儿童早期。

④ 以 Alpers 综合征为观察对象：该病情的发病高峰期存在于两个阶段，一个阶段是 2～4 岁，另一阶段是 17～24 岁。而该病情的临床三联症主要涵盖了认知障碍、癫痫以及肝病。除此之外还会产生呼吸障碍和胃肠道症状以及精神异常的情况。

⑤ 以肢带型线粒体肌病为观察对象：其通常都是母系遗传，发病时间一般在青少年和儿童时期，通常发病时的症状为肌肉疼痛以及四肢近端肌无力等。

⑥ 以感觉性共济失调神经病为观察对象：该病情发病的时间通常在成年期，主要症状为感觉性共济失调症状，一部分患者也会出现眼外肌瘫痪以及癫痫情况，除此之外还会出现偏头疼以及认知障碍。

⑦ 神经病共济失调色素视网膜病变综合征：常染色体隐性遗传，于儿童至成年期发病，主要症状是四肢远端感觉障碍、肢体无力和肌萎缩、腱反射消失以及小脑性共济失调。视网膜色素变性导致夜间视力下降。少数患者出现痴呆、癫痫发作、肌张力障碍、感音神经性耳聋以及肾脏损害。

⑧ 其他类型线粒体病：线粒体病可以单独出现听神经病、糖尿病、肝病、心脏病等单器官损害表现，其中母系遗传的糖尿病多在 30～40 岁发生，常伴随神经性耳聋以及视力下降。

综上可知，线粒体可以由阿尔茨海默病、帕金森病、肿瘤的发生和发展的各种机制引起，对肿瘤、神经退行性疾病以及线粒体功能障碍三者的关联性进行分析研究，能够帮助人们更加清晰地知晓这些病情的发病机制。由对线粒体呼吸链酶复合物的了解可知，其主要的问题就是线粒体 DNA 产生了突变。在治疗肿瘤时，化疗通过细胞的信号传导途径影响线粒体。对 mtDNA 对各种疾病的致病性和作用机制进行研究发现，虽然不同疾病的发病机制复杂，且不总相同，但疾病发生的物质基础还取决于处于不平稳状态的线粒体基因组，同时也包含了核基因组以及线粒体 DNA 整合分析的遗传物质。

此外，当组织具有差异时，其与细胞 mtDNA 突变具有一定的共性。在调查相关疾病进展时，在疾病发生部位检测到多个突变，表明研究者应该开展更多的研究来确定哪些突变会影响疾病的发生发展。细致地诊断遗传病，并且做好有关的治疗以及预防工作，对于人体素质提升可起到关键作用。因为 mtDNA 拷贝数量较 nDNA 拷贝数量大，数量级较高，所以其具有更强的经济性以及敏感性，然而当前针对 mtDNA 突变机制的分析和研究工作水平并不高，对于 mtDNA 突变对这些疾病的产生造成的影响仍有待商榷。

3.5 以线粒体通透性改变为靶点的肿瘤治疗

肿瘤细胞的线粒体在结构和功能上与正常的线粒体不同，肿瘤细胞与一般细胞相比，代谢变化范围大，线粒体外膜的通透性增加、凋亡蛋白的释放和线粒体功能受损，这使得肿瘤细胞的代谢更容易受到线粒体的影响。因此，线粒体可作为靶向药物为肿瘤细胞提供靶向治疗。使用药物改变肿瘤细胞线粒体功能障碍并通过诱导线粒体膜的通透性来激活细胞死亡，已经成为一种非常有吸引力的癌症治疗方法。

3.5.1 作用于 PTPC 的化合物

通透性转换通道复合物（PTPC）是一种容易变化的超分子复合体，存在多种亚基，可被功能相似的蛋白（溶质载体）代替，因此其结构现在仍不明确。PTPC 主要由线粒体外膜的离子通道、内膜的 ANT 和亲环蛋白 D 组成。正常状态下，线粒体在膜保护下通过低传导率的 PTPC 交换溶胶及线粒体基质间的小分子代谢产物。除上述问题外，PTPC 能够同已糖激酶协同作用，对粒体膜内部的通透性产生影响，在此基础上使得线粒体外膜自身的通透性受到的影响。Ca^{2+} 及 ROS 的双重刺激会使 PTPC 通透率进一步提升，这样就能使膜电势消失，同时还会导致渗透性膨胀。与此同时，MPT 被诱发，ROS 出现。

对 PTPC 进行研究发现，当 ANT 所处的亚型具有差异性时，其本身所具备的功能也具有差异性。不论是 ANT3 还是 ANT1 都能使细胞凋亡，但

ANT2 可以对细胞死亡起到抑制作用。如 B 淋巴瘤细胞蛋白 2（BCL-2）蛋白家族中的 BCL-2 及其相关的 X 蛋白（Bax）分别是 ANT1 的 ATP 和 ADP 反向转运蛋白的激活剂和阻断剂。

3.5.2 诱导产生过量 ROS 的化合物

在呼吸道氧化还原循环中出现的甲萘醌无存在价值，不论是硫代二吡啶等巯基交联物，还是双马来酰亚胺正己烷，都能使 ANT 巯基被氧化，还能够保护 BCL-2 细胞。但是当甲萘醌剂量过大时就会产生轻微毒性，存在客观反应，近年很多学者专家在这方面进行了详细的分析和研究，发现甲萘醌能使晚期肝癌患者出现临床反应。莫特沙芬钆的芳香大环化合物能增加氧化电位，从而使 ROS 大量产生，这对于抗氧化系统起到了抑制作用。经过详细的分析和研究发现，其主要是在癌细胞内部积累，主要是由于其能对人体内部的新陈代谢起到干扰作用，从而增强体内异种移植瘤针对化疗及放疗的反应。

截至目前，线粒体靶向药物摄取系统的有关分析和研究工作也取得了一定的进展，但仍存在一定的挑战和决策困难。

① 在选取药物方面：具体涵盖了蛋白质多肽以及传统化疗等；

② 选取作用目标：存在于电子传递链内部的线粒体 DNA 以及酶的通透性等；

③ 普遍出现的线粒体肿瘤及线粒体靶向考虑；

④ 载体材料效率：怎么样能够确保投递系统来到细胞之后能够维持靶向功能，借助内质体逃逸的方式，克服细胞内生物大分子和线粒体进一步定向等各种障碍；

⑤ 载体生物安全性方面：采用什么样的方式能够确保载体中的生物相容性及体内降解，纳米材料研发的关键环节之一就是降低毒性，基于此，在以后的研究以及分析过程之中应对线粒体的机制及作用进行深度分析和研究。

此外，目前对 mtDNA 靶向给药系统的研究多采用双靶或多靶的设计策略，配体兼顾了 mtDNA 靶向和肿瘤细胞靶向，同时，能够对纳米载体的电位和粒径等性能进行优化。从细胞生物学层面上来讲，线粒体自身的形态以及数量在不同生理条件下有所不同，线粒体 DNA 拷贝数与肿瘤的发生是否有关系仍然存在争议，对于不同的肿瘤细胞系，很难找到具有共性的治疗方案，并且在筛选治疗方案方面也会有一定的差异性，需要进一步分析和研究。随着科技的进步，纳米技术及生物学技术有了飞速的进步，现在越来越多的学者开始研究药物供应的问题，其在许多疾病的治疗中将发挥更大的作用。

3.6 线粒体代谢为靶向的癌症缺陷

通过有关分析和研究发现，肿瘤的出现及发展主要是基于多信号通路和多基因一同结合的复杂生物学过程。相较于正常细胞而言，肿瘤细胞本身具有很多特性，例如能量代谢异常和无限增殖等。全球知名学术期刊 *Nature* 就曾经发表过题为“Cancer complexity slows quest for cure”的文章，其中详细地阐述了简单的针对代谢途径及基因抗肿瘤的治疗不能解决根本问题。所以，需要找到一种比较合适且稳定的靶标，而这也是抗肿瘤治疗急需解决的关键问题。随着近年研究的逐步深入，人们经过大量的研究发现，线粒体能对肿瘤产生起到至关重要的作用，还以此为基础提出了以线粒体作为靶标来治疗肿瘤的全新策略。

众所周知，线粒体是细胞的“发电厂”，通常情况下，细胞借助线粒体自身的氧化磷酸化作用生成 ATP，当氧气充足时能够将更多的能量传递给细胞，糖酵解及氧化磷酸化会互相调节，从而保持细胞的能量平衡，然而对绝大部分肿瘤研究发现，不管是处于缺氧状态下还是处于有氧环境中，都应该存在相应程度的糖酵解反应，即有氧糖酵解过程，也是被大家称为 Warburg 效应的反应，该反应是肿瘤细胞最为特别的代谢特征。以细胞致癌性为例，其主要是由线粒体功能自身存在的不可逆损伤而产生的，由此使得糖酵解以及氧化磷酸化两者原本的平衡被打乱，最终使得恶性细胞出现转化。

近年越来越多的学者详细地研究分析了线粒体调节凋亡机制，并且以此为基础来寻找可改变肿瘤细胞生长活性的因素，有的学者借助线粒体来对肿瘤细胞凋亡药物进行诱导。研究发现了紫杉醇、多柔比星等具有线粒体作用（如改变肿瘤细胞生长活性）的抗肿瘤药物，但这些药物通常有其固定攻击的目标，还会产生相应的副作用。除此之外，当服用肿瘤药物时间过长时，会出现耐药性，使许多药效越来越低。在此背景下，发现了在线粒体靶向载体中导入药物的制备方法，目前线粒体靶向分子通常为肽/蛋白靶向序列、磷酸三苯酯阳离子等，近年人们发现了许多线粒体靶向分子，例如小檗碱和罗丹明等。在众多学者及专家的努力下，在线粒体药物使用系统的分析方面获得了较大的成功和进步，然而仍有一些问题有待解决，例如在选取靶点方面：处于电子传递链内部的线粒体 DNA 和酶以及线粒体膜通透性等；除此之外也需要顾及肿瘤靶向以及线粒体靶向，线粒体普遍存在于不同类型的细胞内部，如何规避线粒体靶向载体的非特异性转运。结合肿瘤细胞的靶向策略和载体材料的靶向效率，如何根据载体系统确保药物负载进入细胞并通过胚乳/溶酶体逃逸维持靶向功能等。因此，今后的研究应继续探索线粒体的作用机制。在实际研究中，mtDNA 靶向药物传递系统是热门的研究方向。研究人员应进一步研究 mtDNA 靶点和肿瘤细胞靶点，优化纳米载体的粒径、位置、形貌和化学成分等性质。肿瘤细胞线粒体功能改变的机制可作为抗癌新药的靶点，同时糖酵解的逆转和肿瘤细胞凋亡的诱导有助于特异性抗肿瘤治疗的研究发展。

3.6.1 2-脱氧-D-葡萄糖靶点（2DG）

2-脱氧-D-葡萄糖（2DG）对糖酵解的抑制作用可能在很大程度上增加顺铂对人脑和宫颈细胞的毒性。对实体瘤和前列腺癌患者中进行了一期和二期临床试验，表明 2DG 可能损害脑和心脏的糖酵解代谢，开发在肿瘤细胞中经常被高度调控的葡萄糖转运子亚型特异性抑制剂将可能较好地解决该问题[134]。

3.6.2 己糖激酶依赖性阴离子通道靶点（HK-VDAC）

（1）HK-VDAC 相互作用机制

HK-VDAC 相互作用是肿瘤细胞凋亡的一个特异性靶点。HK 通常在人类肿瘤中过表达，癌细胞中 HK 与 VDAC 的联系比正常细胞更密切。体外和体内研究均表明通过改善 PTPC 和 MPT 肿瘤细胞的开放性，可以阻断

HK与VDAC在外膜的相互作用，进而杀死癌细胞[135]。这一结论已在HK2的氨基的短肽、HK抑制剂3-溴丙酮酸和激素甲基jasmonate的相关研究中被证明[136]，其中3-溴丙酮酸可显著提高抗胰腺肿瘤活性，jasmonate与HK结合，使HK与线粒体分离，诱导细胞凋亡，该作用只有在高浓度时才能达到，并且还需要更多的研究来证实。

对肿瘤细胞而言，其糖酵解速率的提升能够促进细胞转移生长以及扩散带。在哺乳动物细胞内部，HK主要有四种异构体：第一种是HK Ⅰ，第二种是HK Ⅱ，第三种是HK Ⅲ，最后一种是HK Ⅳ，其中HKⅠ以及HKⅡ可以到达线粒体外膜的位置；伴随肿瘤细胞出现肿胀，糖酵解速率增加，氧化磷酸化过程的耗氧量增加，通过大量的研究可以看出，VDAC及HK能够对抗凋亡起到积极作用。研究表明[137]，HK Ⅰ/Ⅲ能在线粒体外膜的胞质表面与VDAC结合，显著影响其拮抗线粒体凋亡的作用。在肿瘤细胞内部，VDAC及HK结合后会产生大量ATP，这对于肿瘤细胞的存活和葡萄糖磷酸化都具有很好的影响。己糖激酶HKN端的疏水尾被引入线粒体膜中，与一个或多个膜蛋白结构域相互作用。HK借助VDAC，尤其是VDAC内部的N末端发挥作用，从而抑制细胞凋亡。

激酶Akt和糖原合成酶激酶3β（GSK-3β），激酶Akt能够借助磷酸化的方式调节VDAC1-HK的作用。磷酸化获得的VDAC1能够使线粒体与HKⅡ分离，因为HKⅡ不能同VDAC1结合。另外，Akt能够基于Thr473推进VDAC1与HKⅡ的有效结合。相较于VDAC1，HKⅡ的磷酸化具有本质上的不同，其能够加强与VDAC1的互相影响。基于此，Akt能够维护线粒体膜的完整性，并且能够在细胞存活方面发挥关键作用。

不仅如此，*BCL-2*家族蛋白具体涵盖两个不同的类别，一个是抗凋亡蛋白，另一个是促凋亡蛋白。抗凋亡蛋白的成员主要有BCL-X、BCL-2以及Mcl1等；促凋亡蛋白主要为多结构域的Bak及Bax，BH3only的促凋亡蛋白有Bad、Bim、Bid、Bik、Puma、Noxa和Bmf等。*BCL-2*家族蛋白能调节线粒体外膜的完整性，其能够对线粒体介导内部的细胞凋亡产生关键影响。在内质网、线粒体以及核膜之中存在抗凋亡蛋白，Bak及Bax等促凋亡蛋白在碰到凋亡信号时，能够转移至线粒体外膜上并出现寡聚体，从而使外膜通透性有较大的提升，在此过程中会伴随caspases的激活以及CytC的释放，但抗凋亡蛋白有阻断该过程的能力。细胞内部的促凋亡蛋白以及抗凋亡蛋白能够互相影响。BCL-X、BCL-2 以及 Bak、Bax 都能够同 VDAC 互相影响来调节线粒体凋亡，Bak 及 Bax 的齐聚对于线粒体外膜本身的通透性具有重要作用，当处于凋亡过程时，Bak 以及 Bax 寡聚体能够产生凋亡蛋白因子通道，从而释放出 AIF 以及 CytC 的刺激因子，最终使寡聚体出现，这样就能够推进线粒体膜通道蛋白的产生，线粒体膜通道蛋白可对抗凋亡蛋白 BC 及 BCL-2 起到保护作用并使其免受凋亡影响，其通常都是借助阻抑 Bax-Bak 来抑制 CytC 的释放。通过相关研究发现，Bak、Bax 以及 VDAC 能够对 NSCLC 线粒体外膜的通透性产生影响，并且 RNA 能对 VDAC1 起到抑制作用，将囊性释放降低，同时将 Kaspase 3 激活。通过有效的分析和研究可看出，在羧基末端的位置缺少 Bax C，因此不能取代 HK，但能取代在 VDAC 中结合的 HK，除此之外还能借助另外的方式推进 Bax-Bak 介导的细胞凋亡。

对于肿瘤细胞，其凋亡特性部分取决于*BCL-2* 家族 HK 的过表达及抗凋亡蛋白的缺失。截至目前，在胶质瘤细胞内部的 HK 属于强表达，而 HK-VDAC 的相互作用能对肿瘤细胞自身的凋亡诱导起到诱导效果。VDAC 及细胞骨架蛋白：微管蛋白本身就是存在于细胞中的大蛋白体，其普遍存在于正常细胞和肿瘤细胞中。线粒体同微管蛋白具备很强的亲和力，后者是线粒体本身所具备的成分，并且线粒体自身的运动和位置与微管蛋白密切相关，微管蛋白阴性 CTT 尾与 VDAC 相互影响。通过对哺乳动物细胞进行细致的分析发现，存在于微管蛋白二聚体中的纳米浓度会使 VDAC 通道本身的可逆性处于关闭状态，从而推出 VDAC 及微管蛋白的互相作用模型。对于该模型，CTT 尾被用于 VDAC 通道中，其与 VDAC 有很强的亲和力，这也使 VDAC 通道自身的通透性受到阻碍。

多西紫杉醇本身是抗微管药物，并且可以同 VDAC/微管相互影响，推进 CytC 释放进程，对细胞凋亡起到诱导作用。对于微管蛋白来说，其本身就是 VDAC 内部的潜在调节因子。tubulin 及 VDAC 翻译后修饰也能够改善这种相互作用，例如 tubulin 在翻译后，绝大部分的修饰都出现在 CTT 上，这个位置就是 VDAC 及 tubulin 两者互相影响的位置。不仅如此，α-微管蛋白自身的浓度受生理状况影响产生的改变也并不明显，可是当 α-tubulin 中乙酰化的细胞被大量栓送到有丝分裂时，能够将多管蛋白和微管蛋白二聚体两者的平衡打破，从而改变微管蛋白二聚体的浓度，同时还能够改变微管蛋白 VDAC 与多管蛋白之间的反应。可以看出线粒体代谢与微管蛋白 VDAC 之间具备紧密关联性，可影响细胞存活和凋亡。

（2）VDAC 影响因子

在细胞骨架蛋白中，例如 MAP4、MAP2 以及 G-actin 等，能够对 VDAC 产生影响。从双向杂交的有关研究可看出，不论是热休克蛋白 HSP74 还是轻链动态蛋白 dynlt1，都能对 VDAC1 产生影响，从而改变 VDAC1 自身的生理功能，而 G-actin 能够使 VDAC 介导膜自身的电导率相较于之前下滑 85%，从而影响其生理功能。整体上，基于药物诱导的 VDAC 通透性改变能够影响 CytC 的释放并抑制线粒体 PTP 开放以及细胞凋亡。

1）VDAC 与 Ca^{2+}

通过对线粒体 Ca^{2+} 进行详细的研究分析发现，其本身的生理作用非常重要，其能够调节 TCA 循环，还能有效调节关键酶的活性，同时抑制嘌呤核苷酸转运体以及 ATP 合成酶。同样线粒体还能够调节细胞质内部的 Ca^{2+} 流，通过调节线粒体 PTP 自身的通透性，可以让 Ca^{2+} 流的运动达到最大效果。Ca^{2+} 有 2 种运输途径：

① Ca^{2+} 运输系统介导的途径，需要借助线粒体内膜来实现；

② VDAC 介导的 Ca^{2+} 运输。

当线粒体中的 Ca^{2+} 浓度很高时，能够使线粒体 PTP 自身的通透性开放。而 VDAC 本身拥有的是 Ca^{2+} 结合位点，对 VDAC 通透性起到调节作用。经过有效分析可得出，Ca^{2+} 能够推进 ATP 以及阳离子经过线粒体外膜，同时还有一些研究表明 PTP 自身的通透性并不会对细胞凋亡产生关键影响。

2）VDAC 与 NO

NO 本身就是第二信使，其存在于哺乳动物细胞的众多病例以及生理过程中。NO 在线粒体内部的作用位点有两个：一是线粒体复合物Ⅲ，二是细胞色素 C 氧化酶。基于此，NO 能够间接或直接地与线粒体相互作用。研究发现 NO 能在非催化及 NO 合成酶的作用下产生，NO 还可以激活鸟苷环化酶，从而使第二信使 cGMP 数量提升。同样的，cGMP 还可以作为 MPT 抑制剂，NO 本身具备了较强的抗凋亡作用。同时 NO 还可以加速细胞凋亡，这主要取决于细胞类型及 NO 浓度。具有高浓度的 NO 能够抑制一部分线粒体 PTP 开放。

3）VDAC 与 ROS

ROS 主要作为细胞有氧代谢环节中具有活泼化学性质的物质出现，其形式有很多种，包括过氧化氢和超氧化阴离子等，在当前观测的部分癌症和其他疾病中，ROS 的作用有显著差异[138]。ROS 能够加快线粒体释放 CytC，同时凋亡诱导因子借助 ROS 的出现而产生蛋白质并导致 DNA 损伤。ROS 由线粒体逐步释放到细胞质中，此过程必须经过线粒体外膜，同时需要经由 VDAC 介导。VDAC 以及 DIDS 抗体都能够抑制细胞凋亡。而对于 ROS 来讲，其释放线粒体最为核心的通道就是 VDAC。整体来看，线粒体 VDAC-HK 所具有的相互作用不但能够为糖酵解奠定有效的基础，同时还能对细胞存活起到积极的影响作用，减少 ROS 的渗漏，从而抑制细胞凋亡。

3.6.3 线粒体丙酮酸脱氢酶激酶（PDK）靶点

所谓的 PDK 主要指的就是线粒体丙酮酸脱氢酶激酶，而 PDK 自身的抑制作用能够在癌细胞的异常代谢中发挥效用。因为丙酮酸脱氢酶在一定程度上会受到 PDK 的负调控作用，同时丙酮酸会基于二氯乙酸的作用激活产生乙酰辅酶。二氯乙酸酯也能调节 K^+ 通道 Kv1.5 的表达，T 淋巴细胞核心因子 1（肿瘤细胞中含量较低）被激活，在二氯乙酸的作用下，线粒体增殖减少，凋亡增加，肿瘤生长受到抑制，没有明显的毒性反应线粒体 NFAT-kv 和 PDK 可能是潜在的肿瘤药物靶点，二氯乙酸盐目前已作为一种单一药物，已经在实体瘤临床治疗的第一阶段进行了试验。

3.6.4 脂肪酸合成水平

soraphenA 是一种由粘细菌产生的抗真菌聚酮，主要杀死恶性细胞，用于抑制乙酰辅酶 A 羧化酶，从而减少丙二酰辅酶 A（丙二酰辅酶 A 是脂肪酸合成的底物）的产生。抑制和刺激脂肪酸氧化导致磷脂含量降低，与退化前的 BPH-1 细胞相比，这种细胞毒性反应容易发生在前列腺癌细胞中[139]，因此肿瘤细胞对永久性脂肪酸供应的依赖性可诱导细胞死亡。另一种脂肪酸合成抑制剂奥司利他已被证明在含有人类黑色素瘤细胞的小鼠中具有抗癌活性，能优先杀死恶性细胞。这些研究表明，干扰线粒体介导的肿瘤特异性代谢过程，可为未来相关策略的优化提供指导，促使其将重点放在开发结合肿瘤特异性和毒理学分析的药物上。

3.7 其他靶向于癌细胞中线粒体的方式

3.7.1 *K-Ras*

K-Ras 是癌症中最常见的突变致癌基因之一，*K-Ras* 可导致多种癌症，包括结肠癌、肺癌和胰腺癌，通过 shRNA 筛选鉴定了 *K-Ras* 突变体的合成致死基因。利用 CRISPR 基因组技术构建了细胞系和其他基因对，证实了 *K-Ras* 突变细胞对这些线粒体途径的依赖性，最后发现线粒体抑制剂在体内抑制了 *K-Ras* 突变肿瘤的生长。

在肿瘤的治疗中，很难直接抑制 *K-Ras*，目前还没有成功的靶向治疗方法，但研究者正在寻找新的治疗策略。尤其是线粒体动力学分裂蛋白激酶和磷脂酰肌醇-3 激酶。确定致癌 K-品种的合成致死相互作用是防止 K-品种促进肿瘤生长的一种方法，因为这些突变基因只存在于癌细胞中，所以它们可以有选择地用一个突变基因模仿另一个突变基因在癌细胞中的作用，PARP 抑制与*BRCA1* 或*BRCA2* 基因丢失结合是最明显的综合致死效应，受损的*BRCA1* 或*BRCA2* 基因细胞对 PARP 抑制剂反应敏感，进而会导致细胞死亡。为了寻找 *K-Ras* 突变体生长所必需的基因，实验者使用 HCT116 和 DLD1 细胞的等位基因对（只有 *K-Ras* 突变不同）及鉴定基因（合成致死基因），利用慢病毒基因组文库对 *K-Ras* 突变细胞拥有较大毒性的特点，对 DLD1 和 HCT116 细胞株开展探究，鉴定出 *K-Ras* 合成率高的基因为致死片段，并鉴定出高度重叠的基因。研究者在 LS513 细胞（*K-Ras* G12D 突变结肠癌细胞系）中进行另一个完整基因组 CRISPR 筛选。线粒体核糖体基因对 *K-Ras* 突变的 LS513 细胞的生存是必需的。为了进一步研究

线粒体基因 *K-Ras* 致死性伴侣的合成，研究者进行了 GO 富集分析，发现其富集途径包括线粒体蛋白翻译、转录和氧化磷酸化。许多抗生素以细菌核糖体为靶点，如四环素及其衍生物，它们常被用于治疗感染。用环素阻断线粒体翻译足以抑制 *K-Ras* 突变体的锚定依赖性生长。与此同时，CRISPR/casa9 介导的等位基因是 *K-Ras* 合成的，彼此之间具有致命的相互作用，可以通过控制 cre 重组酶的表达和内源性 *K-Ras* 突变体的表达来触发内源性致癌的 *K-Ras G12C* 等位基因；确认线粒体翻译抑制还是氧化磷酸化会导致突变 *K-Ras* 细胞的表达降低。将 CT26 细胞（*K-Ras* 激活突变和增殖取决于突变 *K-Ras* 的表达）注入 BALB/c 小鼠体内，采用 VLX-600（线粒体呼吸抑制）、tigecycline 或 VLX-600 与 tigcycline 联合治疗方案。tigecycline 与 VLX-600 联合应用比单一药物组能更有效地预防肿瘤生长。这些结果表明靶向线粒体翻译和呼吸可以抑制 *K-Ras* 突变细胞的致瘤生长。目前尚不清楚 *K-Ras* 突变株对线粒体翻译的依赖性是否是 K-breed 本身直接向线粒体发送信号。该研究表明，*K-Ras* 驱动的肿瘤对线粒体抑制剂的治疗是敏感的，无论这些线粒体抑制剂是否以 BRAF 或 MEK 抑制剂等癌症为靶点，都有必要在未来开展相关研究。

3.7.2 Shepherdin

soraphenA 主要是以粘细菌为基础而出现的抗真菌聚酮，其最为核心的作用就是将恶性细胞杀死，并且能够对乙酰辅酶 A 羧化酶起到很好的抑制作用，这样也能够最大限度地降低丙二酰辅酶 A 的形成。对脂肪酸氧化进行刺激及抑制时，磷脂含量会减少，相较于退化之前的 BPH-1 细胞，该类型细胞毒性反应一般都会出现在前列腺癌细胞内部[140]。除此之外，研究发现奥司利他作为另一脂肪酸合成抑制剂具有很好的抗癌活性。

Shepherdin 是众多拟肽抑制剂的一种，能够抑制 HSP90 及 HSP90 蛋白存活素的影响，借助 N 末端及三螺旋结构，可以与 HIV TAT 序列较好地结合，从而获取基于 Shepherdin 的膜渗透变体。Shepherdin 自身的膜渗透变体能够在线粒体中诱发或者是聚集 CypD 介导的细胞及 MPT 死亡，然而需要注意的是该调控机制与 B 淋巴细胞淋巴瘤及 *p53* 之间的表达水平不存在关联性。不仅如此，根据众多人类癌细胞异种移植的有关研究和分析，

Shepherdin本身对于肿瘤生长具有很强的抑制作用，拥有较强的安全系数。

3.7.3 Pu类的HSP90抑制剂

HSP90不存在于正常细胞中，仅存在于癌细胞线粒体中。癌基因*RAS*和*AKT*利于HSP90进入细胞线粒体，但其作用的分子机制却不是很清楚。HSP90的N末端调控口袋的特异性结合使得HSP90具有优异的药理学特征，包括避免P-糖蛋白介导的输出。在线粒体中，HSP90可以与肿瘤细胞因子受体关联蛋白1（TRAP1）和CypD生成生物复合物，通过蛋白质折叠机理调控CypD介导的MPT。Pu-H71具有乳腺癌的潜在和持久的抗癌特性，蛋白质组分析表明，Pu-H71可以降低与HSP90相关的各种蛋白质的表达方式，包括Ras-Raf-MAPK途径、细胞周期调控因子、凋亡因子和Akt，有趣的是，微细胞癌特别容易受到HSP90分子抑制剂的影响，包括Pu-H71、Pu24FCi和Pu-H58，至于线粒体抑制对HSP90的影响则尚待研究。因此，介导肿瘤细胞中亚细胞单位里的信号网络有助于开发线粒体靶向的拮抗剂。

线粒体是细胞中最重要的ROS源，其低活度与肿瘤干细胞相关。肿瘤干细胞具有特殊的性质，使其更容易受到线粒体靶向药物的攻击。包括天然化合物在内的一些线粒体靶的药物为今后进一步的研究提供了很好的基础。更好地了解肿瘤细胞之间的实质性物理和病理差异，无疑会增加线粒体靶对肿瘤药物的选择性。从线粒体的角度来看，药物研究可以促进临床应用这一治疗原则。直接作用于线粒体的抗肿瘤药物有可能避免传统化疗的耐药机制。未来药物研发中最重要的一点是，许多已知的线粒体靶向药物都是来自天然化合物，这些化合物是偶然发现的，而非来自系统的筛选。这表明在抗癌药物领域，能够在全球范围内系统地筛选天然物质，从而寻找特异性线粒体靶向药物。

3.8 本章小结

随着科学技术的进步，不同学科相互渗透，相互独立发展。近年来，人类将线粒体与认知年龄联系在一起。对线粒体的分析和研究工作大多集中在纯生物学层面上，许多科学家用线粒体充当分子钟来推测人类的起源，除此之外还调查和研究了线粒体的代谢和生产能力，但是这些工作中有一个问题被忽视了，那就是线粒体与认知老化之间的联系。不论是阿尔茨海默病还是脑肌病等，都表明患者本身是具有认知障碍的，经过大量的分析和研究发现，衰老同线粒体有着紧密的关联性。尤其是研究出学习记忆的分子机制之后，有更多的学者开始关注认知老化机制，希望能在分子水平将老化的整体过程研究透彻。而在此研究中最具有突破性进展的就是线粒体。不仅如此，线粒体本身也是细胞整体功能架构之中非常关键的构成环节，在认知及行为障碍患者进行治疗时，能够选取线粒体来进行治疗。该基因疗法已用于线粒体基因突变患者，并取得了良好的效果。随着对线粒体基础的纵向深入研究，对线粒体与认知老化关系的研究变得至关重要。这不仅有助于加深对认知老化机制的认识，也会带来新的思路。通过调整优化某些心理疾病的治疗思路，可降低和控制老年人可能遭遇的风险；以实现健康老龄化，提高老年人的生活质量。

癌症细胞代谢的改变对肿瘤的产生和发展具有显著的影响，尤其是通过异常的能量代谢所产生的产物和中间物质具有促进肿瘤在缺氧或营养匮乏的环境中生长和发展的功能。线粒体靶向药物可致癌症细胞的线粒体死亡，随着线粒体靶向药物研究的深入，该治疗思路（即通过杀死癌细胞的线粒体治疗疾病）将会在临床上得到较为广泛的应用。充分了解癌细胞的分子机制，可为以代谢改变为目的的靶点的治疗方式提供很好的方案。从整体上来讲，对肿瘤细胞线粒体代谢变化机制进行详细的了解和分析，有助于研究出更加有效的抗癌剂，引领一个高特异性细胞工具的时代。

第4章 线粒体动力学调控的免疫应答

4.1 线粒体免疫应答概述

线粒体是真核细胞中至关重要的细胞器，是细胞生命周期中 ATP 合成、ROS 产生与清除、细胞凋亡等生理过程的关键调控因子，因此，线粒体可通过自身参与的各种生理学功能调控机体的免疫应答，进而清除被感染细胞。近年来，MAVS、STING、DAMPs 等线粒体蛋白的发现，表明线粒体在抗感染免疫转导系统中具有非常重要的作用[141]。线粒体参与的免疫调控及应答就是生物体感染性疾病、炎症性疾病以及肿瘤的关键调控因子。

生物体免疫系统不仅能对外源致病菌起到低质的作用，同时还能彻底清除内源性坏死细胞，这里以抵御外源致病性病菌为观察对象，其通常都是以微生物进化中保守的病原体相关分子模式（pathogen-associated molecular patterns，PAMPs）及宿主病原识别受体（pathogen recognition receptors，PRRs）的融合为前提，清除内源性损伤细胞，并与有关的受体融合。通过相关研究可以看出[142]，线粒体本身作为内源性损伤相关分子模式（damage-associated molecular patterns，DAMPs）等的关键来源，mtDNA 自身拥有很强的免疫应答调控性能，其不但参与细胞的凋亡及自噬，在肿瘤免疫微环境之中也能够发现其身影。其中，肿瘤进展的关键标志就是 mtDNA 传递，这也是检测肿瘤扩散的有效方式。因此，探讨线粒体免疫应答的过程具有十分重要的临床意义。

4.2 细胞介导的免疫应答及其调节

4.2.1 细胞介导的免疫应答概述

(1) 免疫应答概念

免疫应答指机体免疫系统被抗原刺激之后，淋巴细胞对抗原分子进行特异性辨别，从而产生增值、活化以及分化的情况，该过程能够将相应的生物学效应整体过程充分地表现出来。免疫应答最基本的生物学意义就是对非己及自己进行辨别，同时将非己抗原性物质彻底去除。

(2) 适应性免疫应答的类型

基于起关键作用的免疫活性细胞的差异性可分为以T淋巴细胞介导为基础的细胞免疫应答和以B淋巴细胞介导为基础的体液免疫应答。

(3) 免疫应答发生的场所

免疫应答发生在脾脏以及淋巴结等。

(4) 免疫应答发生的过程

免疫应答发生的过程主要包括效应阶段、抗原识别阶段以及呈递阶段三个。

(5) 免疫应答的特点

免疫应答具有MHC限制性、特异性和记忆性。

4.2.2 T淋巴细胞介导的相关细胞免疫应答反应

(1) T淋巴细胞识别抗原

抗原呈递细胞（APC）能摄取、加工、处理抗原，并将抗原递呈给T淋巴细胞而表达抗原。抗原呈递细胞可与T淋巴细胞可逆性结合及非特异性地结合；其中，抗原呈递细胞与T淋巴细胞的特异性结合是通过双重识别来完成的，即通过组织相容性复合体（MHC）、CD4与CD8彼此之间的相互作用，以其作为双重识别的相关辅助受体，TCR在接触MHC分子复合物等物质时，其功能可以得到显著增强，这一特性体现为TCR与抗原肽MHC分子复合物具有较强的亲和力。免疫突触是指当T淋巴细胞与抗原呈递细胞在相互识别及互相结合时，多种跨膜分子集中在富含鞘磷脂和胆固醇的筏状结构上，彼此靠近形成细胞-细胞相互作用的场所。TCR、CD4、CD8 等分子及其相应的配体是筏状结构的中心，外面围着其他黏附分子，这些物质相互结合能够使细胞间的亲和力增强，以此来加强 T 淋巴细胞中那些具体的信号转导分子之间的相互作用。

在相关免疫突触形成的第一阶段中，已经形成的 CD4 和 CD8 分子能够有效地组织 T 淋巴细胞的运动，为 TCR 和抗原结合提供条件；

在第二阶段，肽 MHC 的运输发生在第一阶段的 5min 后，TCR 肽与 MHC 结合形成的复合物往相关界面的中心聚集成中心束，导致 ICAM-1 重新排列，并且在界面的周围组建出一个新的环状结构；

在第三阶段，需要形成免疫突触，一些肽 ICAM-1 及 MHC 在传送过程中会被舍弃，这些物质在细胞松弛素 D 的抑制下不能再移动而被固定。该阶段可以持续一个多小时。T 淋巴细胞的活化、增值和分化发生在周围的免疫器官。

（2）T 淋巴细胞活化

T 淋巴细胞进行活化所需的第一信号为由 CD3 成功转导能使 T 淋巴细胞活化的信号，也就是抗原的特异性识别功能；BT 分子和 T 淋巴细胞表面的 CD28 结合为第二信号，它们是 T 淋巴细胞增殖分化成效应细胞所必须的；CK 促进 T 淋巴细胞充分活化，产生大量效应细胞和少量记忆细胞。

（3）T 淋巴细胞活化过程中的信号转导

通过分子 CD28、CD4/CD8 以及 CD3 的帮助，T 淋巴细胞能够通过细胞外的刺激信号的转导而进入细胞核内，再活化相关的转录因子，转导入细胞核中，有关的基因将会被活化。

（4）Th 细胞活化

Th 细胞的效应表现为活化巨噬细胞；诱导具体的 MHC Ⅰ类分子的各种表达以及通过直接作用将病毒复制抑制下来等；作用于各种有效的淋巴细胞；作用于 NK 细胞；作用于中性粒细胞。例如：Th1 细胞能够与中性粒细胞共同完成巨噬细胞的活化，与其受体结合诱导杀伤靶细胞。活化的 Th1 细胞分泌大量的细胞因子引起以单个细胞浸润为主的炎症反应。

(5) CTL细胞的极化效应

CTL的极化是指对特定抗原进行致死性攻击，CTL的效应机制为细胞裂解和细胞具体的凋亡过程。CTL细胞的效应作用具有以下几个特点：

① 保证其他正常的细胞不被伤及；

② Tc的杀伤作用仅针对特定的MHC，即MHC限制性；

③ Tc的杀伤作用仅针对特定的抗原，即抗原特异性；

④ 能够反复地进行连续杀伤；

⑤ 自身不受损；

⑥ 抗原识别和细胞因子的有关信号是该过程的导火线。

(6) T淋巴细胞各种生物学效应的医学意义

T淋巴细胞通过发挥相应的生物学效应，对感染细胞内的如细菌、病毒、真菌、寄生虫等相关病原体，起到抗病毒抗感染的作用；T淋巴细胞还能对抗肿瘤发展起到杀灭作用，主要包括细胞因子产生的各种直接或间接的杀灭肿瘤的生物学效应、ADCC效应以及特异性杀伤作用等。此外，T淋巴细胞还参加了Ⅳ型的机体超敏反应，如结核菌素试验和某些自身免疫病的发生和发展，其次为参与移植排斥反应。

(7) 活化T淋巴细胞的转归

首先活化的T淋巴细胞通过增殖分化变成效应T细胞，其中一些可以变成记忆T细胞，活化的T淋巴细胞则开始凋亡。部分细胞在T淋巴细胞活化前便开始凋亡，称为细胞的被动死亡。在免疫应答进展到晚期时，清除大量的抗原物质，刺激抗原、产生信号和生产相关因子的过程也被有效地减弱，为了促进酶联反应的发生，诱导细胞中的线粒体释放细胞色素C，最终使细胞凋亡，终止细胞免疫应答。

(8) 记忆T细胞的形成

初次接触抗原：T淋巴细胞可在4～5天内扩增近万倍，产生大量效应T细胞和记忆T细胞；有效抗原被清理后，完成任务的效应T细胞就会自动进行凋亡过程，快速地停止细胞免疫应答；而记忆T细胞不会凋亡，而是存活下来继续发挥作用。

(9) 记忆T细胞的特点

在静止状态时，记忆T细胞能够不停地进行自我更新，可被简单、轻易地激活，因为其激活不需要其他分子例如协同刺激分子的协助，当再次接触到以前接触过的特异性抗原时，记忆 T 细胞就会立马进行活化并增殖，增殖的数目极大，该过程非常迅速、有效，且反应剧烈。记忆 T 细胞可维持免疫记忆，长期随血液循环，以便随时再次免疫应答。

4.2.3 B 淋巴细胞介导的免疫应答

（1）B 淋巴细胞介导的免疫应答反应

B 淋巴细胞介导 TD 抗原的免疫应答过程为：首先识别 TD 抗原有无特异性，由 BCR 进行特异性识别的有关 TD 抗原不需要经过 APC 细胞的加工及有关处理，因为非共价键结合了 BCR 相关复合物。

（2）B 淋巴细胞进行活化所必需的信号

B 淋巴细胞进行活化需要以下 2 个信号：

① 进行活化的第一信号，是通过 B 淋巴细胞共同有关受体的相互作用，即最早阶段 BCR 识别相关的抗原而生成的信号；这个过程还需要负调节作用，也就是 CD32 分子转导活化所需的第一信号作用；

② CD40/CD40L 这类分子能够使 B 淋巴细胞由静止期转向细胞增生的相应周期；介导 B 淋巴细胞瘤细胞发生凋亡；抑制生发中心的 B 淋巴细胞发生凋亡。

（3）TH 细胞对 B 淋巴细胞的辅助作用

DC 细胞或巨噬细胞能够摄取并且加工处理相应抗原进行初次有关免疫应答反应；B 淋巴细胞通过在细胞内吞噬有关抗原来完成再次免疫应答，B 淋巴细胞把有关抗原加工处理成一些小肽的蛋白质片段，呈递给下一个细胞——TH 细胞。活化所需的第二信号便是由 TH 细胞提供给 B 淋巴细胞，第二活化信号是由已经被活化的 T 淋巴细胞通过表达产生的分子 CD40L 和 B 淋巴细胞上的分子 CD40 互相结合而生成的。

（4）B 淋巴细胞对 TI 抗原的有效应答

TI 抗原包括 TI-1 抗原和 TI-2 抗原，如某些细菌多聚蛋白、多糖和脂多糖等，这些物质能够直接激活脱敏的 B 淋巴细胞，且不需要 T 淋巴细胞的帮助。对于 TI-1 抗原诱导 B 淋巴细胞有效应答的过程，低浓度的 TI-1 抗原只能激活有关的 B 淋巴细胞，而高浓度的 TI-1 抗原则能够发挥更大的作用，即使细胞进行相应的增殖和凋亡来诱导多克隆 B 淋巴细胞的分化，但是 TI-1 抗原单独存在时则不能诱导 Ig 类转化、抗原亲和力成熟和记忆 B 细胞形成。TI 抗原主要由细菌细胞壁和荚膜多糖组成。

4.2.4 免疫应答的调节

(1) 免疫系统概念

免疫系统是由免疫细胞和有机器官组成的网络系统，能自动对抗外来污染物，清除坏死细胞，破坏变异细胞，免疫系统结构复杂，主要免疫器官有骨髓、胸腺、脾脏、盲肠、骨髓、淋巴结和淋巴管等，其作用为防止毒素和微生物入侵。

(2) 免疫调节概念

免疫调节是指免疫系统中细胞之间、免疫细胞与免疫分子之间以及免疫应答过程中免疫系统与神经内分泌系统之间的相互作用，形成相互帮助、相互制约的网络结构，使免疫反应维持在适当的强度，以确保刺突内环境的稳定。

免疫调节是一种自我保护机制，通过长期的自然选择，形成适应自己的免疫调节机制，在细胞的发育、分化等阶段中检测和作用来维持细胞的正常生理过程。已证明免疫系统受 NS、内分泌系统的调节，反过来，免疫系统也可调节 NS、内分泌系统。

(3) 免疫系统组成

免疫系统的组成包括免疫器官（周围免疫器官：脾、淋巴结、扁桃体；中枢免疫器官：胸腺、骨髓）、免疫细胞（淋巴细胞：树突状细胞、NK 细胞、T 淋巴细胞、B 淋巴细胞、CTL 细胞；APC：吞噬细胞）、免疫活性物质（体液中的各种抗体和淋巴因子等）。

其中，扁桃体存在于喉部，是淋巴细胞形成和抗体产生的地方。人类淋巴细胞对进入口腔的细菌（食物和空气）产生反应。

胸腺是胸前中央淋巴器官，是系统发展中心。它负责培养免疫细胞，为所有周围淋巴组织提供免疫细胞，并为淋巴干细胞提供繁殖场所。

脾位于腹腔，是最大的淋巴器官和身体中的血液滤清器，脾经常因疾病而增大，没有脾脏就容易被感染。

骨髓是人体重要的造血和免疫器官，它是白血球、红血球等相关物质衍生及形成的主要有效场所。骨髓可以通过一系列的反应生成已经定型和已经成熟的各种有生物学效应的淋巴球，然后把这些淋巴球释放出来，释放以后淋巴球便会随着体内的循环系统到达机体的各个淋巴器官和血液循环的相应系统发挥独特的骨髓免疫功能。

盲肠最主要的特性是含有非常多的淋巴小结，这些淋巴小结会在盲肠内结合然后伸入黏膜的下层发挥相应的作用。淋巴结是体内的一大防线。淋巴结是通过淋巴管分布的，淋巴结具有很多功能，它能够过滤各种免疫反应，能进行再循环以及清除淋巴中的各种对机体有害的异物。当细菌进入淋巴结时，淋巴结会发挥作用使大概 99%的细菌无法侵害机体，并清除摧毁这些有害异物。

淋巴管是一种特殊的管道，它能够使淋巴液在机体一些特殊的组织器官中循环，然后将淋巴液从组织中传递到血液去。

B 淋巴细胞来自骨髓，T 淋巴细胞虽然产生于骨髓造血干细胞，但它形成并成熟于胸腺。T 淋巴细胞的主要作用是清理处理异物入侵机体。已经成熟的并受到启发的 T 淋巴细胞会通过一系列反应而变成辅助细胞，通过确认有无入侵的外来异物而发出相应的信号，表示已经进入战斗状态，以此让 B 淋巴细胞及巨噬细胞准备好。T 淋巴细胞也能变成抑制细胞，该细胞能够通过不停地观察免疫过程来发出停止信号以进行预防工作。T 淋巴细胞还能变成自然杀伤细胞，即免疫系统的另一个重要的成员，为人体对抗癌症和肿瘤的最有力的防御武器。自然杀伤细胞比它们对抗的癌细胞要小得多，其可以附着在癌细胞上。

(4) 免疫系统功能

免疫系统的功能如下：阻止不同的污染物、细菌、一些病毒以及疾病攻击损伤人体，并且将产生的各种代谢垃圾及各种免疫细胞在免疫过程中遗留的没有被清理的病毒清除掉，然后修复处理遭受到损伤的各类组织器官，以此来恢复其原本功能。

1) 基因水平对免疫应答的调节

机体的各项免疫应答受到遗传基因的调控，包括 MHC、由 TCR 编码的基因以及由 BCR 编码的基因。在这些遗传基因当中，MHC 分子直接控制免疫应答的质与量；此外，还有一些不属于 MHC 分子的基因也能够通过直接作用或间接作用来调控机体的免疫应答过程。

2）基因水平对分子水平的调节

在某一范围内，抗原浓度升高，免疫应答增强；抗原浓度下降，免疫应答减弱。低剂量或高剂量抗原易诱导免疫耐受；膜表面的抗原能够通过细胞免疫或体液免疫应答，使抗原更有效地产生体液免疫应答效应。颗粒状的抗原比可溶性的抗原颗粒引发免疫耐受的可能性更小，因为颗粒性的抗原的免疫原性比可溶性的更强，在一般情况下，核酸很少能够诱导机体产生相应的免疫应答。

免疫应答产生的不同强度取决于抗原给予的不同途径，例如，蛋白质（处于聚合状态）所具有的免疫原性强于处于单体状态下的分子，免疫反应的正应答通常容易通过皮内或肌肉注射来产生，口服或使用喷雾给予抗原多数情况下能够诱导机体产生免疫耐受。

抗原活化可诱导细胞进行顺式或反式自杀。机体的免疫应答方面，抗体的调节可以分为正调节与负调节。免疫复合物可以调节免疫应答的过程，免疫复合物的调节作用分为正免疫调节和负免疫调节。该复合物中所含的相应抗体靠复合物的 Fab 段来吸收并表达相应的免疫抗原，然后运用其 FC 段及 APC 物质来使机体产生更强烈的免疫应答反应。免疫复合物介导 BCR 与 FCR 的交联，该交联需要先激活相应的能够一直分化的抑制信号才能抑制 B 淋巴细胞的分化过程。

补体的活化的片段对免疫应答的调节如下：抗原呈递细胞（APC）抓取、吞噬、加工、处理并转运相关抗原需要借助 CR1，在 C3b-Ab-Ag 和 CRI、CRⅡ三者合并后，B 淋巴细胞就会活化并增殖，补体能够发挥作用来介导有炎症时机体的反应，炎症介质——那些裂解片段，具有趋化并激化活化相应免疫细胞的作用，这些炎症介质还能够介导机体产生各种炎症反应（如能将体内的抗原相关异物清理出去），使机体的抗原水平下降，导致机体的免疫应答也随之相应地下调，以此来帮助 APC 进行抗原的吞噬作用及呈递相应的抗原，然后使机体的免疫应答再次上调至正常水平。这些补体能够有效调节相关刺激分子和它相应的受体。

3）在细胞水平上对免疫应答的调节

T淋巴细胞参与的各种相关的机体免疫调节过程：其中CD4+、CD25+、Treg通过维系机体有效免疫耐受能力来降低免疫性疾病发生的概率。免疫应答的抑制主要靠分泌特殊蛋白及膜分子完成。

B淋巴细胞的免疫调节。B淋巴细胞发挥相应的免疫调节作用的主要机制是通过2个路径来完成的：首先B淋巴细胞属于一种抗原递呈细胞，它在机体免疫应答反应过程的启动、识别中均能对免疫应答进行调节，B淋巴细胞需要在相关抗原的刺激下才能产生各种特异性的抗体，生成应答。这些抗体能够直接或以抗原抗体复合物的形式调节免疫应答反应，一般情况下，如果相关抗原浓度比较低，B淋巴细胞就会通过具有高亲和力的BCR细胞来直接识别、加工和处理相关抗原，来为Th细胞的识别提供线索。不仅如此，B淋巴细胞还能够改进其他不同APC细胞无法递呈低浓度的抗原的缺点。T淋巴细胞表达的受体与已经活化的B淋巴细胞表达生成的具有协同作用的刺激因子结合，能够作用于机体后期的免疫应答反应，并且放大其效应。

NK细胞的机体免疫调节作用：NKT细胞即TCR-CD3T细胞，其被相应的物质活化后可以产生穿孔素，穿孔素能够使靶细胞被杀伤，而分泌细胞因子能够调节机体相应的免疫应答反应。

APC物质参与的机体免疫调节：APC诱导机体特异性相关免疫应答反应的首要条件是APC能够摄取、加工处理以及递呈抗原，而递呈抗原的主要物质是APC表达产生的MHC分子及相关的共刺激分子。

细胞凋亡对机体免疫的调节作用：细胞凋亡能够保持机体内在环境的平衡，是普遍的生物学现象，细胞凋亡可对机体免疫应答起正反馈调节及负反馈调节作用，因此能够提高或降低机体对相应抗原入侵的反应强度，在机体的免疫调节方面也扮演着重要的角色。

4）独特性网络对免疫应答的调节

不同的B淋巴细胞克隆生成的不同分子，可诱导机体产生特异性抗体，因此其特性为特异性免疫原性和抗独特性。

5）整体水平对免疫应答的调节

神经-内分泌系统在免疫系统调节方面主要是通过激素、神经纤维和神经递质来发挥作用的，例如糖皮质类的激素和性激素都能够抑制免疫应答；相应地，免疫系统分泌各种细胞因子和各种反馈信息来调节神经-内分泌系统，该影响包括淋巴细胞产生 AVTH 促进糖皮质激素的释放。

4.3 线粒体与固有免疫应答机制

线粒体具有先天免疫和适应性免疫的基本功能，线粒体不仅是分解代谢的器官，还是 ATP 和 ROS 细胞的主要来源，对细胞损伤的先天免疫应答具有重要意义。线粒体宿主信号调节物质有很多，如线粒体抗病毒信号蛋白（MAVS、STING）和模式识别（PRR）介导的Ⅰ型干扰素诱导和 Toll 通路炎症反应介质的进化保存信号递质。此外，线粒体介导的代谢变化与免疫细胞的极化有关，特别是淋巴细胞的稳态和记忆 T 细胞的产生。固有免疫系统是机体抵御病原攻击的第一道防线，能光谱抑制病原入侵及复制。PRP 的相关分子模式（PAMP）可激活信号通路，调控炎症因子、趋化因子等的分泌来组织微生物的入侵[143]。PRR 主要包括 Toll 样受体（Toll-like receptor，TLR）、RIG-I 样受体（RIG-I like receptor，RLR）和 NOD 样受体（NOD-like receptor，NLR），且与线粒体介导的信号通路密切相关[144]。因此，线粒体对细胞的固有免疫的应答机制具有关键的调控作用。

线粒体 DNA 损伤导致抗病毒先天性免疫应答：在正常情况下，每个细胞中都有成千上万个 mtDNA 拷贝，被包装成数百个高级结构，即核仁。为了调节核仁结构，mtDNA 结合质子 TFAM 的数量和分离量很大，完全去除 mtDNA 会严重损害氧化磷酸化过程，在许多人类疾病和衰老过程中都观察到了 mtDNA 不稳定的细胞反应，但其在细胞中并没有明确的定义。TFAM 缺陷引起的相应线粒体 DNA 负载可参与细胞的抗体途径，提高某些干扰素刺激基因的表达，促进线粒体 DNA 释放到细胞质中，被 DNA 受体 CGA 吸收，促进 STING-IRF3 途径，增加干扰素刺激的基因表达，干扰素反应可以提高和促进细胞对病毒的抵抗力，此外病毒还可以诱发 mtDNA 应激，mtDNA 应激引起细胞内本能抗病毒信号的转换，它监测 mtDNA 的平衡，结合经典的病毒感应机制，可以激活先天免疫系统的抗病毒功能。

4.3.1 线粒体与细胞凋亡

细胞凋亡指细胞生物保持机体生长和平衡的一种自杀机制，主要通过清除损坏、受感染的细胞进而实现固有免疫应答。介导细胞凋亡的主要通路为内源性通路（intrinsic pathway）和外源性通路（extrinsic pathway），其中内源性通路是基于受到外界病原体刺激后，诱导线粒体发生 DNA 损伤及 ROS 过度负载等，透化线粒体外膜，衰减跨膜点位，进而偶联凋亡前体蛋白 Bax，协同诱导 CytC、AIF 等膜间隙（intermembrane space，IMS）蛋白，导致生物能源供给及解毒等正常的生理作用紊乱，形成凋亡复合物，激活效应 caspase-3、caspase-8 和 caspase-9 诱导细胞死亡。与此同时，线粒体介导 *BCL-2* 家族的表达也可实现调控，又称线粒体通路[145]。对于外源性通路主要通过细胞表面的死亡受体（TNF 受体 1 和 CD95/Fas 等）与胞外配体介导半胱氨酸蛋白酶（caspase）激活的通路，最终导致细胞的代谢不平衡，进而诱导细胞凋亡。

4.3.2 线粒体与细胞自噬

线粒体易受到病原体感染，损伤的线粒体可通过自噬机制清除，维持机体稳定及清除被感染细胞，主要与胞内病原体的清除、MHC Ⅱ 交叉抗原具有密切的相关性。细胞主要通过线粒体自噬作用调控胞内线粒体的含量，保持 T 细胞的平衡及调控向成熟 T 淋巴细胞的转变，获得线粒体固有免疫功能。研究表明 HIV 患者中 CD8＋T 淋巴细胞的线粒体含量升高，会诱导细胞凋亡，T 淋巴细胞数量减少，表明线粒体动态平衡在 T 淋巴细胞保持正常的生理学功能中具有重要性[146]。因此，线粒体自噬介导的线粒体动力学的动态平衡在维持 T 淋巴细胞的生物学功能方面具有重要的意义，相反线粒体含量的失衡会导致线粒体免疫系统的紊乱。

4.3.3 TRALI 与先天性固有免疫

TRALI 是一种新型的急性肺损伤，输血致急性肺损伤是指在无心血管衰竭或血管内容量超负荷的情况下，输血 6h 后出现急性双侧肺水肿。尽管 TRALI 的发病机制尚不是十分清楚，但 TRALI 产生的主要病理生理机制已被阐明，目前主要有两种机制：

① TRALI 的抗体应答；

② 双击模型，输血可引起 TRALI 患者强烈的先天性免疫应答。

(1) TRALI 的发病机制

近年来，人们对肺水肿的发病机制进行了大量的研究，发现输血后 6h 会出现急性双侧肺水肿，无心血管衰竭或血管内容量超载，典型的临床表现为呼吸困难，因为在血液中，肺中的毛细血管网是处于首位的，因此 1～6h 内低血压发热的主要部位是机体内与肺水肿有关的微血管系统；而中性粒细胞不仅能够通过肺，还能够在同一时间通过肺内皮，因此这两者都是 TRALI 相关反应的关键因素。许多科学研究显示，肺内微血管系统炎症的诱发与中性粒细胞的集合和活化、中性粒细胞以及体内相关的内皮细胞同时活化等机理有关，这些情况将引起毛细血管渗漏，从而引起疾病，即严重的肺水肿。被激活的内皮细胞及中性粒细胞能够通过生成细胞因子和促炎症调节因子来引起肺内微血管系统产生机体炎症反应，产生 ROS 和蛋白水解酶。此外，肺血栓细胞也可能参与机体血管相关的炎症系统反应的过程，在机体内中性粒细胞及相关的内皮细胞参与整个过程调节，然而对于 TRALI 是如何发生的目前研究得还不是很明确。

目前有很多科学研究表明 TRALI 发病机制与靶向免疫及机体中产生的抗体有关[147]，同时也有一些研究提出了重要的概念——“双击”。有研究表明上述 2 种机制都可参与其中，而 TRALI 在通常情况下只表示吞噬细胞的中性粒细胞活化、内皮损伤或炎症以及相关毛细血管有可能会发生渗漏等情况，不管有关患者机体内有无某些相关的危险因素，上述现象可能是由于机体内存在的抗体及其他一些基因所引起的生物反应发生了变化，而导致发生了一个或同时发生了多个生物学作用。

(2) TRALI 的病理机制

由 TRALI 参与的机体内的抗体相关反应：科学家们已发现了很多与病理机制有关的机体免疫抑制剂，如新鲜冰冻血浆、分离血小板和抗白血病抗体，这些抑制剂表示供体的抗体进行了被动输送。例如：由于机体内血浆被细胞吸收引起了白细胞聚集凝聚，患病的机体内存在的中性粒细胞就会相应地表达同源抗体，表面活性抗原就会使这些中性粒细胞进行活化及扩增，从而激活肺微血管系统的成分和机体内存在的大量中性粒细胞，中性粒细胞（如ROS）产生一些生物活性产物，损伤机体的内皮并引发炎症，该过程会产生许多体液，体液转移到机体的肺间质，从而引起了一系列临床症状，根据调查研究，白血病的相应抗体在65%～90%这个范围内呈现“双击”理论：不是所有的白血病患者都会出现上述TRALI中性粒细胞引发的机体的抗原反应，所以Silliman等最早建立了“双击”机制，后来的研究，都支持了这个机制的内容。首先，机体的肺内皮首次受到损伤并被激活，中性粒细胞黏着在肺血管床上并产生一系列的反应。经典的炎症相关的内皮细胞活化主要由严重感染或肾衰引起。由输血进入机体的血液及成分共同参与第二次攻击，可引起修饰基因聚集，并且可促进抗原暴露的中性粒细胞的活化，使损伤机体的肺微血管系统的时间持续得更长，引起机体因体内液体透漏而形成肺水肿。研究者们用储存的血液制品制成了一种由脂多糖导致大鼠肺损伤的相关模型，对“双击”理论进行了验证。结果发现，脂多糖能诱导大鼠体内外内皮细胞活化和中性粒细胞聚集，而黏附的中性粒细胞只有在诱导后才能完全活化，例如，脂多糖能够通过引发血小板来介导炎症反应而损伤大鼠的肺脏。

（3）TRALI与固有性免疫反应

先天性机体免疫系统的研究表明，微生物病原体起着重要的第一宿主保护作用，模式识别受体（PRRS）检测到少量保存完好的微生物基序的过程称为致病分子模式，其一般存在于典型的如中性粒细胞、巨噬细胞树和突状细胞等免疫细胞以及如成纤维细胞、上皮细胞和血管细胞等非免疫细胞中。

一些受体，如大受体（TLR）、缺口受体（NLR）及其NLRP3家族，能够对各种内源性分子在每个细胞和组织损伤中的增加做出反应，进而在自我或复合物的形成中发挥作用。DAMPs最初被称为“由任意危险导致损伤的相关信号”，由于组织在遭受损伤后能够直接生成内源性非微生物分子，这一过程更类似原发性炎症的激活。

4.4 线粒体 DNA 介导的免疫应答机制

在研究发现了线粒体含有 DNA 后，在人们探索线粒体相关的复制、转录、翻译的生物学效应、结构特征、遗传因素和相应的遗传途径时，线粒体存在于真核细胞内并能生成大量能量，还能合成各种脂肪酸和蛋白质，而线粒体内存在的 DNA 基因组具有半自主性，比较独立，结构简单，且具有独特性和较高的特异性。线粒体内进行复制和转录的相关单位不大且易被清除。分子生物学技术及策略能够分析线粒体的复制和转录过程，所以线粒体内存在的 DNA 除了能够很好地检测 DNA 结构、复制转录过程，还能运用线粒体来探索只存在于真核生物体内的核酸及各种蛋白质的生成，研究测得 70 多种动物体内存在的线粒体基因组的全部相关基因序列，在这些基因组的水平上观察，这些基因组相关序列是由共价键组成的闭合双链 DNA，该双链经过利用碱基氯的密度梯度进行离心后能被分为重链和轻链，也称为 H 链和 L 链。其分子量很小，仅为 15700～19500。在核酸的排序和组成上比较保守，大部分 PCR 引物是以由 H 链编码出的基因序列为模板生成的，但在特殊情况下，存在 8 个相关的 tRNA 基因及 1 个蛋白质 ND6 基因不由 H 链编码，而是由 L 链编码。

(1) 线粒体相关基因组的形态结构及遗传成分

人、果蝇以及家蚕的 mtDNA 分别由 16569 个、16019 个和 15634 个碱基而组成。它们的线粒体基因组最少都应该含有 2 个 rRNA 基因、22 个 tRNA 有关基因以及 13 种蛋白质。蛋白质的编码过程：人、果蝇以及家蚕的线粒体相关基因组含有的 13 个蛋白质基因分别包含了 3 个细胞色素 b 基因、3 个细胞色素氧化酶（Cvtb）基因和 2 个 NADH 氧化酶基因，7 个亚单位基因以及一些 ATP 酶，这些物质组成了线粒体内膜的有关呼吸链。

(2) tRNA 基因

动物细胞中所含的线粒体基因组能够满足翻译蛋白质中的各个密码子的需求，因为它具有 22 个相关的 tRNA 基因。这些基因分别由 L 链和 H 链编码。由 H 链编码的 tRNA 基因广泛分布在蛋白质基因以及 rRNA 基因中间，邻近的 2 个基因连接密切或中间存在 1～30 个碱基，还有可能重叠。

（3）rRNA 相关基因的概念

在 H 链的 tRNA-Phe 基因及 tRNA-U 基因（即 UUR 基因）中间存在以 tRNA-Val 基因隔开的与线粒体相关的 12S rRNA 基因及 16S rRNA 基因，其中 16S rRNA 相关基因与 12S rRNA 相关基因相比没那么保守。但是线粒体相关的 rRNA 基因存在的二级形态结构很保守，它能够组成不同的形态结构。C-T 转换在通常情况下比较容易见到，而环核苷酸被替换的可能性往往较高。

（4）非编码区

线粒体基因组包括控制区（即 D 环区）和 L 链的复制起始区这两个非编码区，其中控制区是线粒体基因组的相应序列及基因长短改变最明显的一个区域，而 L 链的复制起始区处在 tRNA-ASN 基因和 tRNA-Cys 基因中间，长 30～50bp，该区在复制过程中会变为茎突的环形结构，通常包括保守的相关序列段、H 链的复制区（即 OH）及 L 链的启动子这三个部分，H 链启动子和终止子结合。在人 HeLa 细胞线粒体中也发现了类似的 RNA。它是 HeLa 细胞中最具多聚尾的 mtRNA，在 HeLa 细胞中它还编码一种包含 23 或 24 个氨基酸。已有研究表明某部分 7S RNA 和线粒体内的核糖体存在一定特殊关系，但是否能够被翻译尚未查明。

最近的研究表明，线粒体不仅是氧化磷酸化和 ATP 合成的主要场所，线粒体辐射分子模型（介电体）还能在人体内形成和发展特异性免疫反应，而且具有较强的耐药性。线粒体释放与损伤有关的分子模型，特别是 mtDNA，它可能激活 TLR-9、NLRP3 和 SING 串信号通道，虽然线粒体 DNA 可以通过调控抗病毒信号的传递来增强保护机体的抗菌免疫反应并增强抗菌活性，然而有些在细胞受到损伤或因萎蔫而生成的 mtDNA 在一定情况下能引起机体产生发炎的反应。mtDNA 在人体免疫系统中发挥着重要作用，被用于制作肿瘤免疫微粒体，今后研究重点为细胞死亡、噬菌体和中性陷阱引起的 mtDNA 的免疫过程和临床意义。

4.4.1 mtDNA 与 TLR9 信号通路

TLR 作为重要的天然免疫系统中一类非特异性免疫蛋白质分子，是非特异性免疫与特异性免疫的桥梁，可识别 PRR。其中 TLR9 主要位于免疫细胞的内质网中，通过 CpG DNA 进入溶酶体，进而增加 DC、B 淋巴细胞，激活 MAPK 和 NF-κB 信号通路，进而诱发 Th1 型免疫反应，最终增加细胞毒性 T 淋巴细胞（cytotoxic lymphocyte，CTL）对肿瘤细胞的杀伤力，而且在各个过程中提高抗肿瘤的免疫反应。研究表明[148]，mtDNA 可结合 TLR9 进而活化 B 淋巴细胞和 pDC，诱导增加 NK、单核巨噬细胞的分化增殖，最终使得机体获得免疫性应答。与此同时，mtDNA 同时可参与单核/巨噬细胞等各种免疫细胞的 TLR9 的信号通路的活化，介导产生释放致炎因子（TNF-α、IL-1β），实现天然免疫反应系统的激活，进而实现免疫调节的作用。

TLR9 在实现自身免疫和肿瘤的发生演化的同时，也是机体抗感染的重要调控因子。对小鼠肺部炎症的研究表明，mtDNA 主要通过对 TLR9 信号通路的活化，实现中性粒细胞释放分泌促炎因子 MMP8，进而导致肺部炎症的发生[149]。DAMPs 类分子中包含游离在外周血中的 mtDNA，可以通过激活免疫细胞受体介导机体的各种免疫应答反应。有研究表明，在创伤刺激下的大鼠，血液中 mtDNA 含量激增，进而激活 TRL9 中性粒细胞的 MAPK 信号通路，诱导 MMP-8 和 MMP-9 的释放，最终导致组织器官损伤。此外，另一个创伤刺激的全身炎症的发病机制是在严重创伤的刺激情况下，大量的血液中 mtDNA 偶联 TLR9 相互作用，激活 NF-κB 通路，诱导提高 IL-6 和 TNF-α 表达水平。综上，mtDNA 是 DAMPs 介导的相关炎症疾病中重要的调控因子，主要是通过介导 TLR9 激活相关的信号通路，最终诱发全身的相关炎症，如全身炎症反应综合征（systemic inflammatory response syndrome，SIRS）、类风湿性关节炎（rheumatoid arthritis，RA）等。mtDNA 通过介导 TLR9 作为引发炎症的作用为探索各种炎症反应相关疾病提供了新的思路。

4.4.2 mtDNA 与 STING 信号通路

存在于 DNA 感受相关通路下游的重要组成因子为干扰素刺激基因（stimulator of interferon genes，STING）。其在 mtDNA 和免疫应答方面具有重要的信号传递功能。Chen 等在 2013 年第一次发现 cGAS-cGAMP-

STING 能够识别细胞内 DNA，而且阐明了其中存在的各种机理[150]。在识别过程中，细胞质中存在的循环鸟苷酸-腺苷酸合成的相关酶（cyclic GMP-AMP synthase，cGAS）可以快速捕捉到闯入细胞胞浆里的各种外源性 DNA 或内源性的相关 DNA，通过生成循环鸟苷酸-腺苷酸（cyclic GMP-AMP，cGAMP）来使 STING 活化，从而完成转移到高尔基体的任务，并嵌于核周核内体（endosomes），通过与 TBK1 合成来启动机体炎性的相关通路：

① 开启动员各种由 TBK1 介导的相关 IRF3 磷酸化和体内存在的 I 型的相关干扰素转录子，从而产生 IFN-α/β;

② TBK1 主要通过介导激活 TRAF6 引起经典 NF-κB 通路，并且此通路与 IRF3 途径相对独立。

细胞质中的 DNA 主要介导 DNA 的感受器进而激活 STING 通路，活化 NF-κB 和 IRF3 通路，诱导分泌相关免疫因子和 I 型干扰素，最终启动免疫反应，在机体免疫应答对抗病毒和抗菌功能中具有重要的意义。近年的研究表明[151]，mtDNA 可直接介导激活 STING 的信号通路，诱导机体产生直接的抗菌抗病毒的免疫应答机制。此外，对于病毒的感染者，会导致 TFAM 的表达降低，进而降低线粒体拷贝数、改变线粒体的形态及导致线粒体基因突变，导致细胞释放 mtDNA，最终激活 cGAScGAMP-STING-TBK1-IRF3-IFNα 信号通路，实现机体细胞的抗病毒效应的产生。与此同时，Bak 和 Bax 是介导线粒体凋亡的重要调控因子，通过介导 mtDNA 的释放，激活 STING 的信号通路，导致分泌 I 型干扰素，为此，STING 与 mtDNA 偶联，可实现细菌 DNA、病毒 DNA 及内源性 DNA 均被 STING 识别并介导下游炎性信号，实现生理学功能上的统一。因此，mtDNA 在机体炎症反应、癌症进展及抗病毒免疫过程中具有非常重要的意义。

4.4.3 mtDNA 与 NLRP3 炎性体

核苷酸结合寡聚化结构域样受体蛋白 3（NLRP3）炎性小体由 NLRP3、caspase-1 和凋亡相关斑点样蛋白（apoptosis-associated speck-like protein containing a caspase recruitment domain，ASC）构成[152]。PAMPs 和 DAMPs 是激活 NLRP3 炎性小体的重要因子，主要通过集聚寡聚体化 ASC

和 caspase-1PAMPs 与 DAMPs 共同发挥作用产生 caspase-1，caspase-1 通过 IL-18 与 IL-1β 的前体的介导被剪切释放到细胞外，最终实现针对炎症反应的天然免疫应答。与此同时，NLRP3 炎性体在激活通路中也具有重要的作用，主要包括调控线粒体代谢、凋亡、自噬以及 mtDNA 的释放等过程，而且 SOS、mtDNA 和烟酰胺腺嘌呤二核苷酸（NAD）也可以激活炎性小体[153]。因此，NLRP3 是线粒体致炎过程中重要的调控因子之一。在构建研究不同结构的物质激活 NLRP3 的模型时，外界刺激物主要是通过介导线粒体凋亡、释放氧化损伤的 mtDNA 转移至胞浆与 NLRP3 复合，诱导级联反应发生，进而激活 NLRP3 炎性小体（图 4-1）[154]。mtDNA 释放也可以由 LPS 和 ATP 等 BMDMs 介导发生，通过激活 NLRP3 炎症通路，使 IL-1β 与 IL-18 分泌增加，直接导致相关疾病的发生发展，因此，mtDNA 在介导 NLRP3 的激活过程中发挥着关键的作用。

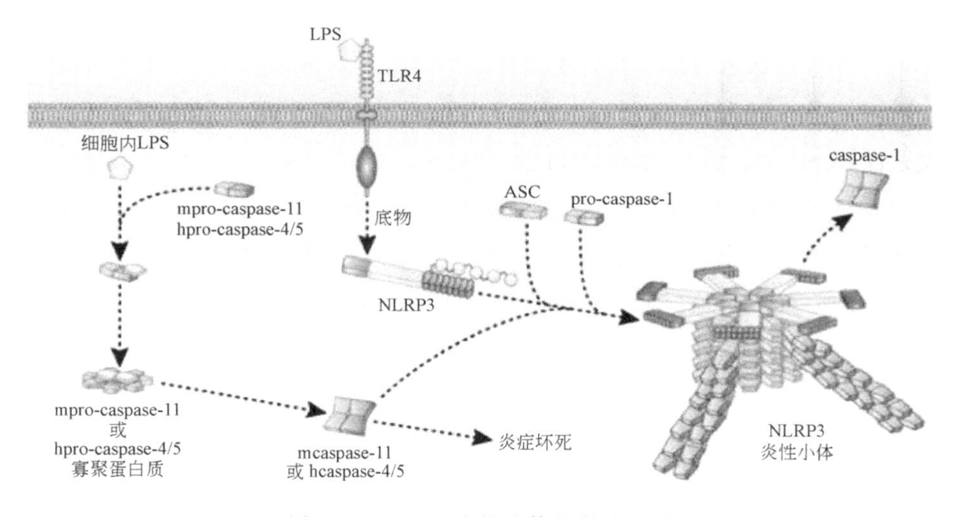

图 4-1　NLRP3 炎性小体的激活机制

mtDNA 不仅介导激活炎症相关通路，同时也参与免疫应答外来病原体，主要为介导释放 mtDNA，mtDNA 在胞外固定并识别杀死微生物。NLRP3 作为最重要的炎性小体，不但能启动免疫反应防御微生物感染，同时还参与急性肺损伤等疾病的发生过程。NLRP3 炎性小体还可以通过激活 PAMPs 和 DAMPs 参与机体的免疫应答（图 4-2）[154]。NLRP3 炎性小体不仅参与人体保护性免疫，而且与各种相关疾病的发生发展密切相关[153]。因此，线粒体介导释放相关物质激活 NLRP3 作为线粒体参与机体免疫系统的关键机制之一，对于研究免疫疾病具有重要的意义。

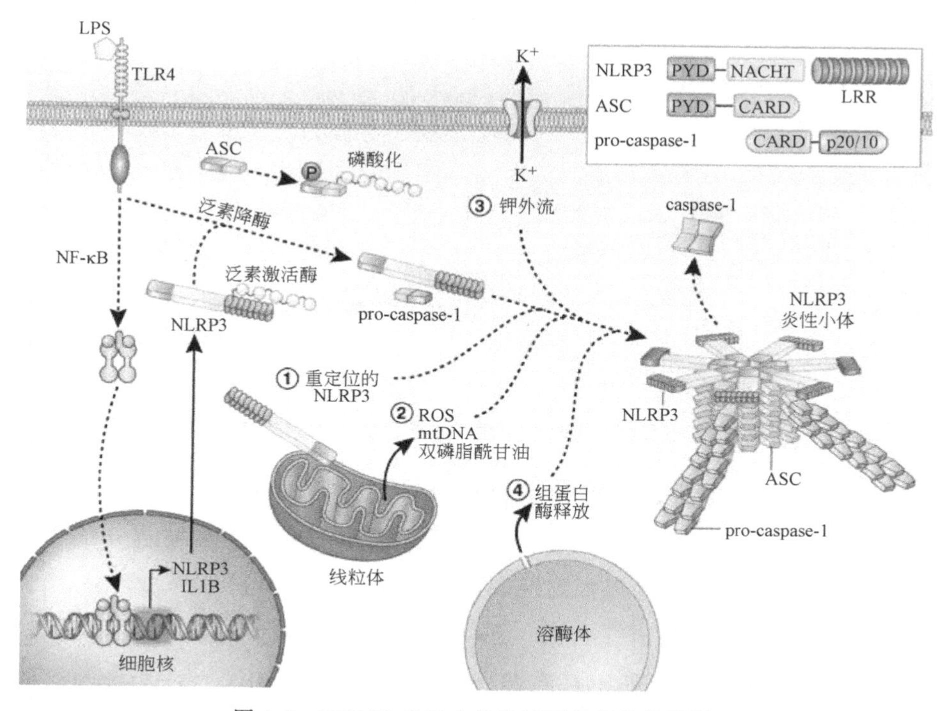

图 4-2 NLRP3 炎性小体激活可能的信号机制

此外，研究表明炎性小体信号通路与 AD 的发病机制密切相关（图 4-3）[154]，Aβ 通过激活小胶质细胞中的 NLRP3，介导分泌致炎因子，进而诱发炎症反应的发生。相反的，抑制 NLRP3 信号转导的通路可以改善 AD 患者转基因模型的行为学及病理损害。NLRP3 在 AD 的病理生理学机制中具有关键的作用，主要是通过脑小胶质细胞及验证反应。研究表明 Aβ 可刺激小胶质细胞产生 1L-1β（NLRP3 炎症小体激活后的主要效应因子），导致中枢神经系统慢性炎症反应加重，因此，IL-1β 在阿尔茨海默病的病理生理学机制中发挥重要作用。

4.4.4 mtDNA 参与肿瘤微环境形成

STING 介导的 mtDNA 参与肿瘤免疫微环境的形成。心肌梗死后或创

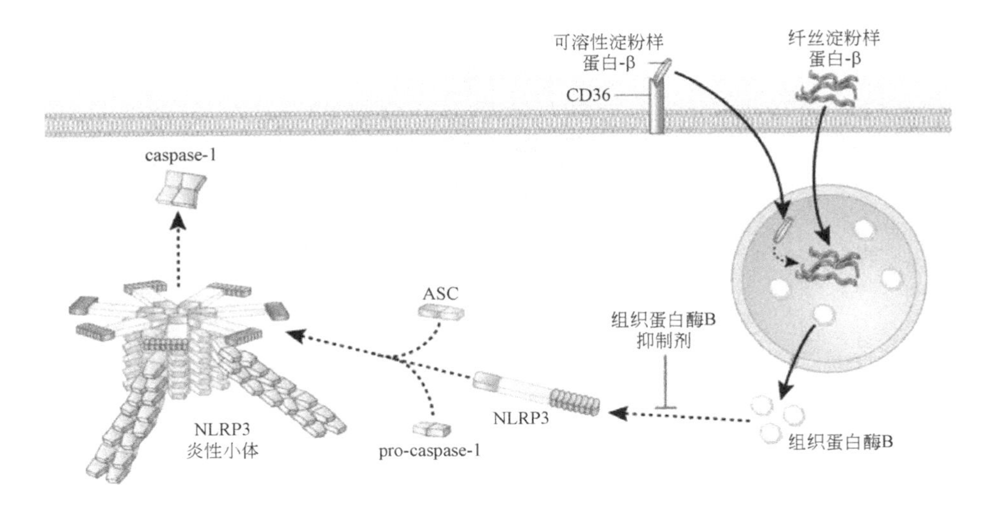

图 4-3 NLRP3 炎性小体在阿尔兹海默症中的激活机制

伤后后患者感染易感性升高的主要原因是诱导分泌大量 DAMPs（包括 mtDNA）至循环系统[155]，mtDNA 在通常情况下可以使粒细胞分泌物质（如 IL6 和 TNF-α）的过程受到抑制，从而建立免疫麻痹体内微环境[153]，促进肿瘤发展。同时，研究表明，通过 CD47 单抗来治疗肿瘤的过程必须要依靠 CD11c＋树突状细胞中存在的 STING 通路的作用[155]，来自肿瘤的 mtDNA 在部分情况下有可能参与引起肿瘤免疫麻痹微环境的形成，相关宿主运用 CD47 清理肿瘤细胞的免疫学根本是其能够正确地识别肿瘤的相关 mtDNA，如果识别有问题，那么就无法正确清理肿瘤细胞，所以在肿瘤的发生发展这方面，mtDNA 已成为研究的热门。通常所说的细胞间的“纳米隧道”或“纳米高速公路”[156]，指的是机体内线粒体和一些其他的细胞器在各种体细胞中间传递的过程。该通道同样存在于 mtDNA 与肿瘤细胞之间，是肿瘤细胞之间生物学信息互换的重要通道。肿瘤细胞可以直接从其周围的体细胞中获取具有正常功能的线粒体及其 mtDNA，进而补偿由于高能耗导致的线粒体功能障碍，进而维持肿瘤细胞所需要的高能耗。此外，研究表明 mtDNA 同时介导肿瘤细胞的增殖，且肿瘤细胞中缺陷型 mtDNA 的增殖速度明显降低，缺陷型肿瘤细胞可以通过 mtDNA 的传导作用从周围的正常细胞中得到正常的 mtDNA，提高其增殖能力，且可以增强肿瘤细胞对化疗药物的耐药性。因此，mtDNA 对于肿瘤细胞维持高代谢、高增殖率及高耐药性具有重要意义。

综上所述，mtDNA 在机体抗病毒和炎症反应过程中具有重要的作用，主要是通过激活 TLR9-NF-κB、NLRP3-caspase-1、STINGIRF3 等各种天然免疫反应的信号通路，从而实现机体多种免疫应答。目前已知 mtDNA 的突变和拷贝数变化与多种肿瘤发生有关。但是，到目前为止，关于 mtDNA 变化是否通过上述通路影响肿瘤进展尚不明确，这可能是肿瘤发生的机制之一。总之，深入研究 mtDNA 在肿瘤进展中的作用对于癌症治疗有着重要意义。

4.5 线粒体代谢介导的免疫应答机制

4.5.1 ROS 调节相关免疫疾病

ROS 通过激活胞浆内的第二信使鸟苷酸环化酶（cGMP）来转导细胞信号，在机体免疫反应中具有关键的作用。相关研究表明，ROS 是 NLRP3 炎性小体调控激活的关键因子，两者相互作用，NLRP3 炎性小体激活剂可导致细胞内 ROS 的产生，而 ROS 清除剂也可以抑制激活 NLRP3 炎性小体。其中，ROS 生成的主要组织为线粒体内膜上的电子传递链。当线粒体功能障碍受损时，ROS 的过量生成超过机体清除的能力，进而激活相关的转导信号通路，导致细胞损伤及其他的效应，或线粒体产生的过量 ROS 也可以通过激活 NLRP3 炎性小体导致细胞的损伤[157]。此外，ROS 的增加可以诱导线粒体功能障碍，进而介导 NLRP3 依赖的 IL-1β 和 IL-18 分泌增多，并且 IL-1β 表达量与 ROS 水平呈正相关。因此，当线粒体发生功能损伤的时候，线粒体通过产生过量的 ROS 激活 NLRP3 炎性小体，进而诱导 IL-1β 和 IL-18 表达上调，导致机体损伤。与此同时，THP-1 细胞中 BCL-2（凋亡相关蛋白）的过表达可诱导线粒体膜通透性转换孔开放，进而使 ROS 的生成降低。此外，ROS 的生成在尿酸钠结晶的刺激下，也会显著降低，进而诱导 caspase-1 和 IL-1β 的表达显著减少，其进一步证明了线粒体产生的 ROS 在 NLRP3 炎性小体激活的过程中起着关键的调控作用。对Ⅱ型糖尿病的研究表明[158]，mtDNA 与 ROS 可以通过偶联作用协同激活 NLRP3 炎性小体，进而诱导释放 IL-1β，导致胰岛 β 细胞的凋亡，最终导致Ⅱ型糖尿病发展。由此可以看出，线粒体 ROS 可以作为 DAMPs 通过介导激活 NLRP3 炎性小体，参与机体的免疫应答作用，但是具体的调控机制仍然不是十分清楚。

除了以上功能外，ROS 还可以参与调控自然杀伤细胞的活性，是机体杀伤病原体的主要工具。不同浓度的 ROS 表现出不同的作用：高浓度 ROS 可以介导淋巴细胞的死亡，导致机体免疫应答结束；低浓度的 ROS 则可以介导淋巴细胞的活化、分化及增殖等，提高机体或细胞的免疫激活进程。此外，ROS 在肿瘤、哮喘、自身免疫缺陷病等多种疾病的发病机制中发挥重要作用[159]。因此，进一步探索 ROS 在机体免疫系统的具体作用机制能为以上免疫相关疾病的治疗提供新的思路。

4.5.2 ATP 激活嘌呤受体导致的细胞死亡

ATP 作为胞内重要的代谢产物，也是细胞内重要的信号分子。当细胞受到外界的机械损伤、病毒感染、缺氧等化学或生理的刺激，会大量释放 ATP 到细胞基质中，进而介导参与细胞的黏附、分化、凋亡或增殖等多种生物学功能[160]。研究证明[161]，在细胞凋亡的刺激下，ATP 被释放到胞外且具有免疫调节的功能，主要表现在累积到一定浓度的胞外 ATP 可以激活免疫细胞表面的嘌呤受体 P2Y2（purinergic receptor P2Y，G-protein coupled，2）和 P2X7（purinergic receptor P2X，ligand-gated ion channel 7），介导单核细胞募集到凋亡区域，同时打开其调控的离子通道，导致 K^+ 外流、Ca^{2+} 内流，激活各种细胞内信号的通路，最终参与机体的免疫反应、细胞凋亡增殖等多种机体生理功能[162]。在局部热损伤和肝细胞坏死释放的外界刺激下，过量 ATP 可激活树突状细胞表面的嘌呤受体 P2X7，进而活化激活 NLRP3 炎性小体，导致 IL-1β 和 IL-18 的释放提高，且 IL-1β 与抗原呈递有关，有助于促进 CD8＋T 细胞分泌 IFN-γ，最终导致中性粒细胞进入损伤部位[163]。因此，外界刺激下导致的过量 ATP 积累是细胞凋亡、意外坏死细胞及继发性坏死细胞的危险信号标志物。与此同时，ATP 可通过介导增加微血管内皮细胞释放 IL-6、IL-8、单核细胞趋化蛋白-1（monocyte chemotactic protein 1，MCP-1）和促进微血管内皮细胞释放增加细胞间黏附分子-1（intercellular cell adhesion molecule-1，ICAM-1）的表达，进而导致促炎因子的释放。相关研究表明，mtDNA 可介导 ATP 释放到胞浆内、通过诱导 ROS 的生成或激活 MAPK 信号通路参与细胞内的信号转导等方式参与免疫应答的调控[164]。此外，过量的 ATP 可以激活 P2X7R 信号通路与多个胞内信号通路耦联，促进分泌炎性细胞因子等参与免疫应答、神经递质释放或细胞凋亡等多种生理病理的反应，为抗炎药物的靶向研制提供理论基础，在自身免疫性疾病的发生发展中起着关键的调控作用，因此，深入探索研究 P2X7R 信号通路的调控传导机理将为相关炎症疾病的诊断和治疗提供新的理论依据[165]。

4.5.3 MAVS 抗病毒免疫应答

MAVS 蛋白是连接线粒体与先天免疫的桥梁，是第一个在先天免疫中起重要作用的线粒体蛋白质，可将病毒感染识别、线粒体功能及宿主细胞先天性免疫的建立三者紧密关联在一起。MAVS 蛋白发挥先天性免疫功能主要是因为 MAVS 内含有一个 RIG-Ⅰ和 MDA5 的 N 末端 CARD，MAVS 存在于线粒体外膜，主要包括 540 个氨基酸残基和 3 种功能结构域[166]。N 末端的 CARD 结构域和 C 末端的跨膜结构域参与了信号通路作用，能够作为下游效应物直接与 RIG-Ⅰ作用，协调不同的信号通路，CARD 结构域能与 RIG-1 和 MDA 5 相互作用，而 C 末端的跨膜结构域介导的同型二聚体化，是信号通路的另一部分。其中 RIG-Ⅰ对于 IFN 介导的抗病毒应答是必须的调控因子，IFN-β 可与特异细胞表面受体结合激活 JAK-STAT 信号途径，进而活化后获得特异性免疫应答。MAVS 作为接头蛋白，主要位于 RIG-Ⅰ信号通路下游，干扰素调节因子 3（Interferon regulatory factor 3，IRF3）、IRF7 和 IKK（Inhibitory kappa B kinase）磷酸化通路的上游，并且其中含有一个在高通量筛选中检测到其能够刺激 NF-κB 和Ⅰ型干扰素的产生。TNF 受体相关因子（TNF receptor associated factor，TRAF）结构域位于 MAVS 蛋白的 C 末端，可与 TRAF3 结合，进而积累活化 TANK 结合激酶 1（TBK1）和 Iκ B 激酶（IKK-i/IKK-ε），将 IRF7 和 IRF3 磷酸化。NF-κB 激活子（TANK）与 NAK 相关蛋白 1（NAP1）可在 TBK1、IKK-i 与 TRAF 家族协同作用下偶联在一起，进而传递给下游因子 NF-κB 调节子

(NEMO/IKK-γ)，诱导活化转录因子 NF-κB，且任一因子被敲除都可以阻断 MAVS 介导的信号通路，进而阻碍干扰素的分泌过程。MAVS/TRAF3 结合可以被 PLK1（Polo-like kinase1）和 E3 泛素连接酶 Triad3A 阻碍，并呈现负相关的调节作用。此外，研究表明，Fas 相关蛋白（Fas-associating protein with a novel death domain，FADD）具有死亡功能结构域，同时也参与了 MAVS 介导的信号通路，其中 FADD/caspase-8 参与的通路同时也是 NF-κB 激活通路的一部分，且其确实可以破坏细胞分泌干扰素的能力[166]。MAVS 也可与相关的死亡结构域（TNF receptor associated-death domain，TRADD)(TRAF2、TRAF5、TRAF6 和 TNF 受体）偶联，介导参与相关的信号转导[167]。同时，MAVS 还可以参与 TLR3 介导的干扰素激活通路，主要包括 TRIF（TIR domain containing adapter inducing interferon-β）和 TRAF6，进而诱导 NF-κB 和 ISRE（Interferon stimulated response element）的激活[168]。因此，MAVS 在细胞线粒体调节细胞凋亡中起着关键的调控作用，扮演促凋亡的角色，其与线粒体在病毒感染以及宿主先天性免疫之间的重要作用将日益显著，为临床试验的抗病毒治疗研究开辟了全新的领域。

4.5.4 DAMPs 免疫应答

(1) 损伤相关模式分子定义

DAMPs 是指细胞损伤或激活后释放的多种具有免疫调节活性的细胞内分子，又称为报警因子。器官损伤标志物包括 ALT、TnI、ST2、DAMPs。

① ALT 只要有 1%的肝细胞被破坏，就可使血清酶增高 1 倍。丙氨酸氨基转移酶偏高会降低肝脏代谢和解毒功能，诱导肝损伤。在肝细胞损伤、压力和氧气不足条件下释放出大量的 ATP，激活炎症复合物，触发细胞因子的合成和释放，进一步扩大炎症反应，激活免疫系统，影响组织受损程度，调整后天性免疫的极化方向，调整组织的愈合、修复、异常重构。

② TnI 涉及心肌坏死。

③ ST2 涉及心肌重构和间质纤维化，主要包括 HMGB1、HP、S100 三种蛋白分子。其降解的产物主要为透明质酸和硫酸肝素等。一组以 Leaderless 方式分泌的细胞因子为 IL-1、IL-33 及其受体物质 ST2 等。

④ DAMPs 调节炎症反应机制包括：a. 能直接促进炎症介质的释放，调节炎症反应和组织损伤；b. 调节先天免疫和后天免疫的发展方向，影响炎症反应的发展和结果；c. 诱导免疫细胞向炎症部位迁移；d. 增强炎症细胞的黏附和浸润能力。

（2）DAMPs 的特点

① 由受损或坏死细胞而非凋亡细胞快速释放。

② 由某些激活的免疫细胞尤其是专职（APC）借助分泌系统（非经典途径）或内质网高尔基体分泌途径而释放。

③ 招募表达模式受体的固有免疫细胞，直接或间接激活适应性免疫。

④ 可以促进损伤组织的重构。

（3）固有免疫的识别机制

从 1950 年开始主导免疫学的是自己异己模型，免疫系统通过识别自己与异己而决定是否启动适应性免疫应答，抗原对机体是否为危险因素及 APC 的功能状态，是启动特异性免疫应答的关键。

（4）常见的 DAMPs

① 高迁移率族 1 蛋白（HMGB1）是一种分子量为 30000 的核酸蛋白。它是真核细胞中一种常见的染色体结合蛋白。它对细胞因子有诱导作用，在无菌损伤和外源性感染时释放。HMGB1 是在感染后期和无菌损伤早期释放的一种介质。HMGB1 的释放是组织缺血等引起的无菌细胞损伤时肿瘤坏死因子早期反应的下游反应。

② 神经胶质细胞特异性蛋白（S100 蛋白）：S100 蛋白是一组分子量小（10000～20000）的酸性蛋白。1965 年从牛脑中分离得到。它是一个亚细胞片段，在甘氨酸、中枢和外周神经系统的尾细胞以及垂体前叶细胞中含量很高，被认为是胶质细胞的标志蛋白。它是大脑中最重要和最活跃的成分。它被认为是一种中枢神经特异性蛋白质。近年来将测定生物体液中 S100 蛋白浓度作为脑损伤的一种标志物。在肿瘤（黑色素瘤）中表达升高。

S100 蛋白在其他疾病中的应用为在非应力情况下，全球定位系统作为分子伙伴参与增长、发展和差异过程，基因转录等 HSPs 可直接促进单核细胞和树枝状细胞的合成，并释放各种刺激因素，如 TNF-α、IL-1BA、IL-6 和 IL-12，由于对炎症的反应而释放的炎症因子可作为控制 T 淋巴细胞或 B

淋巴细胞活化的第三个信号，因此可激活/阻止免疫系统的访问；HSPs 也可以直接作为 TL 细胞表面参与免疫控制。

③ HSP90a 的分泌促进了肿瘤的侵袭，截断 HSP90a 分泌能够有效抑制肿瘤恶化；血浆 HSP90a 浓度与肿瘤恶化程度呈正相关。HSP90a 定量检测试剂盒于 2010 年取得医疗器械生产许可证，2011 年进入 8 家医院。在中国医学科学院肿瘤医院的领导下，对肺癌进行了临床检查。HSP90a 抑制剂，特别是 Geldanamycin 格尔德霉素及其衍生物，表现出非常强的抗肿瘤作用，已进入一期临床试验，而且具有可耐受的毒性。

④ 尿酸在普通生理液体中的溶解度为 70μg/mL，在哺乳动物体内的溶解度为 60μg/mL，纤维素中的溶解度可达 4mg/mL，细胞损伤会释放大量的尿酸，所以对尿酸周围的组织损伤过饱和。尿酸结晶可以使用作为内部阻尼调节免疫系统，促进 DC 的成熟，提高 CD8 细胞的免疫反应能力，鼓励 DC-2-5、T 淋巴细胞对 T2 的反应和身体的液体免疫系统的刺激。

⑤ IL-33/ST2：IL-33 是 I-1 家族的新成员，它刺激各种细胞因素的产生，促进免疫反应的 T2。当内分泌和上皮细胞受到损伤损害，坏死细胞释放 IL-33 作为一个警告免疫系统。ST2 蛋白是 IL-33 的受体物质，主要由心脏组织表达，ST2 蛋白和受到损伤后的纤维化反应有直接关联性。IL-33 可缓解心肌细胞的肿大和纤维化。

⑥细胞外基质组合物（“透明质酸”）：在组织受到各种微生物的相关感染，处于缺血、缺氧状态以及存在炎症反应而被损伤时，已经坏死的机体组织就会产生许多蛋白酶。然后引起机体迅速降解细胞外基质并使它们在组织内聚集，而在一般情况下，机体内的相关抗原、刺激产生的炎症反应以及与组织损伤有关的细胞都能够识别出这些被机体降解的相关细胞外基质，从而引发一系列的炎症反应，加入组织的损害及修复过程。而透明质酸能够运用整合素分子、CD44 以及 TLRs 这些物质来使 DC 变得成熟，以此来增强表达并且释放出相应的炎性因子及有关趋化因子。透明质酸能够降解成透明质烷小分子，透明质烷在肺部炎症反应、急性肺损伤以及组织恢复阶段，能够通过自由地通过 ILR4 和（或）TR2 的相关信号传导通路来实现组织修复。透明质酸和肝纤维化是基本元素，能准确而敏捷地反映肝纤维的数量和肝细胞损伤的程度，比肝活检的效果更好，是肝纤维化和肝硬化的灵敏指标。肝

脏功能水平缓慢明显升高，高血清患者肝硬化，血清系列水平可反映肝损伤程度，是运动性肝纤维化的定量指标，在对肝脏缓慢和肝运动缓慢的诊断中，肝运动缓慢的 H1 浓度与正常人并无不同，然而，肝脏缓慢运动中的 H1 浓度要高得多。

简而言之，非传染性炎症的持续存在是复杂、慢性和复发性疾病和综合征如关节炎、肿瘤的主要原因，同样，非传染性炎症可以导致动脉粥样硬化和组织纤维化。虽然与非传染性炎症有关的因素比较复杂，检测和完善阻尼分子将大大有助于提高对非传染性分子扩散机制的认识，为疾病的临床诊断和治疗开辟了新的途径和方法。

（5）DAMPs 和肾脏疾病

无菌性炎症与肾脏疾病的发生、发展有着密切的关系，但肾脏炎症和免疫系统仍缺乏特异有效的治疗方法，因此，从发病机制和作用的角度，肾先天性细胞和免疫细胞已经得到证实，DAMPs 与许多肾脏疾病有关，如无菌性炎症，它与肾脏疾病的形成和发展密切相关，例如 DAMPs-LRS 途径在 RI 和肾小球肾炎中起重要作用。

1）急性肾损伤（acute kidney injury，AKI）

IRI 是 AKI 发生的重要的病理生理机制，肾管损伤是 AKI 的中心事件，肾管不是一个旁观者，而是一个积极的发展参与者。它们可以表现出痢疾损伤和组织损伤。SP 可由细胞坏死释放或细胞主动分泌到细胞外作为 DAMPs 介导炎症反应，但在 AKI 的研究中，关注点仍在细胞内的 HsPs 调节应激反应上；在 IRI 的动物模型中，HSP27 系统可有选择地表达可以保护肾脏和减少损伤。Abadi 等证实，在 IRI 动物模型中，25min 后失去肾脏血液后，HMGB 可以进入肾静脉，HMGB1 抑制剂可以防止血液流失，在肾脏中降低了 TNFα 和 IL-8 的释放率。在输血后，TLR2 基因和 TLR4 在动物体内表现出较明显的损伤，主要表现为轻微的肾脏炎和损伤。

2）糖尿病肾病、原发性肾小球肾炎

AGEs 和 RAGE 在肾脏糖尿病中的作用已被大量文献证实。在 DDB/DDB 和环状细菌致糖尿病小鼠模型中，RAGE 细胞的充分性增加，下半部脑膜炎细胞表达增加。它们参与了增生和肾硬化的发病过程，表现为肾损害。糖尿病小鼠的疾病可以通过基因敲除或溶解的 RAGE 来缓解。非糖尿病性肾小球疾病也与AGEs、RAGE和其他DAMPs有关。两性霉素小鼠是典型的细胞损伤动物。实验者证实模型肾组织中存在大量RAGE组合，如ages和S100B，在足细胞中表达上调。RAGE基因的去除和sRAGE的治疗可以减少蛋白尿，减少完全整合，保护肾脏。冷球肾炎模型大鼠足细胞tf4表达增加，肾组织纤维蛋白原沉积增加A，纤维蛋白在体外刺激下初步刺激腿部细胞，引起类似炎症反应。结果表明，在大鼠肾毒性肾炎模型中，大鼠肾脏获得高剂量的HSP6O，但在HSP6O模型中，不含内毒素，进入小鼠体内加重病情，提示HSP6O作为一种湿性物质，具有毒性作用，激活T淋巴细胞依赖性。Sadlier肾组织分析显示S100蛋白家族表达上调。在临床研究中，抗体与细胞的比例是中性的。在AAV肾损害患者血清中，HMGB部分减少。免疫荧光肾染色显示活性HMGB1多于非活性HMGB1，提示HMGB1中肾炎的水平。

3）肾脏纤维化

肾脏纤维化是导致慢性肾脏疾病、肾功能衰竭的常见方式，索伦森等注意到纤维蛋白原在UUO小鼠模型中从循环中排出，通过TLR2/TLR4/MyD88依赖性途径促进肾成纤维细胞增殖，分泌细胞外基质，加速肾纤维化的形成。在UUO小鼠中，二糖蛋白也可能是一种纤维瘤湿度。巴别洛娃等观察到，二糖蛋白在肾组织中的表达增加，NLRP3炎症和tr2tlr4被激活，促进IL-1946的释放；对于K-out小鼠，IL-1946的释放已经减少。

4）狼疮性肾炎

患有系统性红斑狼疮（SLE）的病人体内正常的清除相关凋亡细胞的机制被损伤，能够产生非常多的DAMPs物质并释放进入相应的循环途径。在早些年学者们对于机体内的循环DNA被当作体内的自身抗原而参加发生系统性红斑狼疮的研究认识已经很全面，然而此过程的具体机制才逐渐被研究透彻。学者们发现了DNA作为DAMPs相关循环的有力依据，即DNasel相关基因敲去了小鼠不能降解的游离DNA从而引起表面和系统性红斑狼疮引起的肾炎。SLE病人体内如果检测到增高的外周血HMGB1则表示HMGB有一定概率参加到损伤机体的自身免疫过程。一些学者则表示，HMGB1也参加了形成DNA自身免疫相关复合物的过程，在此过程中HMGB和RAGE受体结合，TLF9与低甲基化DNA合并，在信号转导的过程中，它们一起协助完成免疫细胞的显影激活并对机体造成伤害。

5）在肾移植方面

肾移植则必然会有IRI。影响移植肾恢复功能的因素包括移植肾来源的如HMGB1、尿酸、ATP等的DAMPs。根据各项研究可以得知，在人肾脏移植过程中，尸体提供的肾脏比活体提供的肾脏所含的物质TLR4及物质HMGB1的含量都更高；尸体提供的肾脏发生了TLR4基因的点突变，肾组织内中的炎症因子会相应减少。在动物模型研究中，一些研究者探索到一样的种异基因的相关移植与种相同的基因移植不存在显著差异，那么在肾组织中的TLR4及纤维蛋白原会增多，预测移植肾脏功能的主要影响条件是：在被移植肾脏穿刺所得的标本中发现存在高水平的S100A8及S100A9的相应表达，这些物质是由纤维蛋白原或TLR4的相关通路在肾移植过程中所产生的排斥反应引起的机体伤害而生成的。

综上所述，肾的损伤是涉及先天性机体免疫及适应性机体免疫反应的一种病理生理过程，其中由坏死的机体细胞生成的物质DAMPs能够使先天性的相关免疫细胞活化，从而导致机体产生各种迟发性的炎症反应，同时还存在着适应性机体免疫，这些过程在肾损伤发生发展过程中都起着重要作用，因此如何能够早期发现DAMPs引起的肾损害导致的机体损伤，为了解肾损伤的发生提供了新的视角和新的治疗目标。

DAMPs是一种典型相关核蛋白，它具有非常高水平的保守特性，DAMPs能够成为机体内染色质相关结合因子的一种骨架状态的有关结构，它不仅能够与DNA相结合，还能够在有关DNA的一些相关结合位点上增加所收集的各种蛋白质的数量，DAMPs在通常情况下属于隐性的核蛋白分子，从免疫细胞中分离出来或从死亡细胞中释放出来。如果组织受了损伤，那么在通常情况下细胞或细胞核的结构就不完整了，这就会导致机体内源性的DAMPs与一些相关物质结合，例如有些脂质会与DAMPs结合，或者是机体细胞膜上面存在的各种核酸或蛋白质能与细胞溶胶中的先天性免疫受体结合。先天性免疫系统至少由5个PRR的相关家族构成，这些PRR家可族一起识别各种机体内出现的外源性DAMPs和内源性蒸汽：近年被发现的ALRs受体还有CLRs受体、NLR受体、TLRs受体和RLRs受体，机体内的如晚期糖基化终产物受体（RAGE）及其相关配体等不经典的PRRs受体，最开始研究者认为RAGE是一种机体晚期糖基化产生的最终产物（AGEs）的受体，但是现在学者发现RAGE能够和如HMGB1与S100/钙粒蛋白这类非AGE配体产生作用。

虽然先天免疫系统最初只关注病原体引起的组织损伤，但研究发现，它可以直接影响任何大小的生理损伤，由于检测到PAM或损伤相关的DAMPs物质，机体内天然形成的各种免疫系统可以在感染性及各种非感染性的炎症中及时反应，还能聚集自发性的与炎症相关的因子如机体免疫细胞、巨噬细胞和各种中性粒细胞。不仅如此，因为血小板和血管细胞能够和一些中性粒细胞互相影响，常参与先天性免疫系统的炎症反应，在通常情况下，性白细胞由于能够进行交叉作用会加入由固有性的机体免疫反应系统所产生的炎症反应中。感染性和非感染性炎症反应都会减少，愈合组织或伤口，恢复和维持体内平衡。

炎症反应是一种非常重要的防御机制，能够对抗多种损伤，例如病原体引起的损伤，但是当先天性机体免疫性引起的炎症反应已经达到了无法控制的地步时，如果进行对抗，产生的反应变强还有很大可能会损伤到宿主本身，这样就会引起各种急性或慢性疾病、各类常见关节炎、动脉粥样硬化、败血症和老人易患的阿尔茨海默病等。通过相关研究可以看出，与输液有关的急性机体损伤主要包括由先天机体免疫系统引起的TRALI病。

6）TRALI与炎症反应

炎症小体PRRs参与了对各种信号的级联反应，这种反应通过转录等方式转移炎症基因，这些反应的分子平台称为发炎体，炎症微生物是细胞内蛋白质的复合物，由感知和识别的受体连接的ASC蛋白和炎症蛋白水解酶caspase-1，活性由DAMPs或PAMPs激发，导致caspase-1自发分解。一旦caspase-1被激活，马上形成介素IL-1β和IL-18的前受体，将立即形成并继续生成生物活性细胞因子。

NLRP3非传染性疾病是一种典型的炎症性疾病，对控制传染病和非传染性疾病至关重要，因此得到广泛支持。它主要分布在兆噬菌体细胞、中性粒细胞和内皮细胞。事实上，NPLP3是PAMPs、DAMPs、内源性ATP和某些内、外源性微粒的重要传感器。NLRP3炎症微生物的充分活化需要两个基本步骤：启动的初始化阶段，表达NLRP3上游基因和前体的表达。表达 IL-1β 前体，有助于控制整个炎症体的初始活化。应该指出，最初的刺激/NLRP3 信号包括所有的 PRRs 成分，如 TLRS、RLRS 和 NLRS 导致了 NLRP3 的表达并刺激了 MRNA/IL-1β 前体 IL-1β 的表达来激活炎症。Myd88 髓样细胞分化蛋白或 Toll 样受体信号分子 TRIF 刺激也可能导致 NLRP3。此外，某些 PAMP 如 LPS，可以通过 TLR4 促进补给的 MyD88 和 TRIF 刺激包括 DAMPs、HMGB1 和热休克 70000 蛋白（HSP70）在内的转录通路。

NLRP3 自身活化不同于初始阶段。尽管对炎症微生物的研究已经很深入，但炎症微生物的活化仍需要进一步研究。研究发现 PRRs 可直接与相关的活化剂联系起来，各种激励措施可能会导致 NLRP3 对 IL-1β 排放的依赖，因此其不是真正的 NLRP3 激活机制。研究人员提出了激活炎性小体的三种可能途径，但这些因素都不是唯一的：

① 微囊藻刺激的 K^+ 流动、配体刺激的细胞膜或细胞管断裂可能导致 NLRP3 炎症体聚集，细胞外有高浓度的 ATP 激活 NLRP3 炎性血细胞，并能将细胞内 K^+ 浓度恢复到近 50%；

② 通过 eATP 和 P2X7（2-跨膜离子嘌呤受体）结合激活 NLRP3，通过连接到 P2X7 受体的阳离子通道，调节 K^+ 排出；

③ 非炎症小体，吞噬体颗粒是另一种能够激活 NLRP3 的蒸汽刺激剂，已证实尿酸钠（MSU）和脱水焦磷酸钙（CPPD）的结晶对 NLRP3 的活化和 IL-1946 的释放有重要作用。

NLRP3 可以是 MSU 或其他结晶颗粒（如硅酸和感应石棉，不限于外源无机化合物）。溶菌酶能阻止结晶并激活 NLRP3。要激活 NLRP3，必须吞咽、结合和吸收微粒。结晶诱导的 NLRP3 炎性血细胞活化是由硅酸或 MSU 引起的溶酶体损伤和渗漏，这一过程被认为是先天性免疫系统缺陷所致。此外，据报道，ROS 的产生是一种高度保守的危险信号，可直接或间接诱导 NLRP3 的激活，NLRP3 激活剂和巨噬细胞吞噬颗粒可产生大量 ROS，ATP 诱导炎症反应的过程与 ROS 的激活有关。

TRALI 是主动免疫系统对炎症反应的一种不受控制的增强反应，虽然炎症本身是唯一的疾病，但由于 PAMP 和各种 DAMPs 的激活，以及 caspase-1 和 IL-1 和 IL-18 分泌的失衡，疾病的发病率增加。新的干预措施正在研究。如何减缓 DAMPs 和 PRRS 的扩散，控制自然免疫分子的扩散，如激活产生 IL-1 的 NLRP3 炎症，是未来治疗的新策略。

为了更好地了解免疫系统在 TRALI 系统中的潜在作用，这项研究将侧重于寻找可能的 DAMPs，随后的研究则侧重于单克隆抗体或特定分子的使用。此外，eATP 水平降低，例如通过刺激其分解，嘌呤信号系统可以开辟新的治疗途径，如急性肺损伤，“双发”可能对控制先天性免疫缺陷病毒产生不利影响：a. 过度刺激肺细胞、血小板会导致严重急性呼吸综合征；b. 临床条件下储存的输血/血液成分产生的严重 PAMP 和/或 DAMPs 的研究为未来治疗方案的制定和实施提供有效信息。

4.6 线粒体动力学介导的免疫应答机制

线粒体动力学关键的融合酶 Mfn2 是一种连接线粒体和内质网的 GTP 酶，在两种细胞器的连接处富集，在维持 Ca^{2+} 的动态平衡、线粒体融合和细胞凋亡通路中发挥重要作用。研究显示，该蛋白的七价重复区与 MAVS 的 C 末端区域相互作用，其过量表达抑制了 RIG-Ⅰ和 MDA-5 的表达，阻碍了 IRF-3 和 NF-κB 的激活；相反，该基因的沉默加强了 β 干扰素的分泌从而抑制了病毒的增殖。因此，该蛋白在 RLR 通路中发挥了负向调节的作用。Mfn1 是 Mfn2 的同源物，可在内质网和线粒体富集区域促进线粒体形态的伸长以加强 MAVS-STING 的相互作用，激活 RLR 相关通路。因此 Mfn2 和 Mfn1 相互配合，可保证机体产生合适的免疫应答。

4.6.1 线粒体动力学介导的抗肿瘤先天免疫应答

线粒体最重要的功能是提供细胞能量，线粒体也参与免疫细胞的激活和反应。线粒体在免疫细胞中的功能包括三个方面：

① 线粒体 ATP 和 ROS 在应对细胞损伤中起着重要作用，它是由病原微生物引起的；

② 线粒体外膜含有大量的转移分子，如 MAVS 和 ECSIT；

③ 最近的研究表明，伴随着细胞的代谢，免疫细胞的极性有助于脂肪

酸的代谢，主要是 M2 细胞、追踪细胞和 T 淋巴细胞以及免疫细胞。

M1 和 Th1，Th2 和 Th17 效应 T 细胞是倾向于解决血糖问题的细胞。然而，线粒体结构的改变对免疫细胞的影响尚不清楚。噬菌体可分为 M1 型和 M2 型噬菌体，M1 型噬菌体在抗癌免疫、促进炎症、抑制肿瘤生长等方面发挥着重要作用。IL-4、IL-13 和免疫复合物刺激 M2，预防炎症，在修复组织和促进肿瘤生长中发挥重要作用。

研究表明，LPS 和 IL-4 被用来刺激巨噬细胞，并观察到线粒体形态的逆转趋势。M1 巨噬细胞呈有丝分裂状态[169]。在上述极化过程中，Miga2（FAM73b）在线粒体动力学调节中起着重要的开关作用。FAM73b 去除的巨噬细胞不受生长和分化的影响，尽管它们呈持续的有丝分裂状态。当天然免疫细胞的线粒体呈现有丝分裂状态时，黑色素瘤的生长会大大减少，免疫动物的存活率会大大提高，肿瘤免疫 T 淋巴细胞也会产生大量的 IFNγ，从而提高其对肿瘤的免疫能力。通过 RNA-seq 分析表明，在 FAm73b 缺乏的情况下，IL-12A 的表达明显提高。虽然有丝分裂抑制剂 Mdivi1 可以抑制 IL-12A 的表达。其他传统的 Mfn1/2 和 OPA1 线粒体融合蛋白具有相似的表型。泛素 E3 结合酶芯片可能导致 IRF1 聚合，但线粒体的断裂状态导致了单相芯片的缺乏。结果发现，在线粒体处于连续有丝分裂状态时，细胞改变了 Parkin 的表达，并从线粒体中吸收 Parkin[170]。作为一种新的潜在靶点，线粒体可用于肿瘤免疫治疗或自身免疫治疗。因此，线粒体动力学与免疫细胞极化具有显著相关性，可激活免疫应答，可成为肿瘤免疫治疗的潜在目标。

4.6.2 线粒体动力学通过 CHIP-IRF1 轴稳定性调控肿瘤的天然免疫

线粒体是器官细胞能量的来源，早期研究表明，线粒体不仅具有免疫细胞的同源性，而且是启动免疫应答的必要条件，但如何通过线粒体动力学来确定免疫应答的亚型，以及线粒体形态学在诱导 IL-12 进入先天性免疫中的重要作用，线粒体外膜蛋白 FAM73B 促进线粒体融合并抑制 TLR 的表达，FAM73B 水平的升高与 IL-12 的表达有关。经典的融合调节因子 Mfn1、Mfn2 和 OPA1 也在巨噬细胞中诱导了类似 FAM73B 的表型表达。各种线粒体动力学相关蛋白可能参与先天性免疫调节。数据显示 FAM73B 对 TLR

诱导的Ⅰ型IFN没有负调节作用，不同于Mfn1/2细胞，因此Mfn1/2对Ⅰ型IFN的调节依赖于它们各自的功能，而不是直接依赖于其形态转化。

线粒体动力学通过多种机制影响细胞功能，如细胞存活和代谢性能。众所周知，线粒体融合对于有效的FAO脂质代谢非常重要，但切割促进有氧糖酵解。此外，根据先前的发现，M2巨噬细胞的FAO有所改善，而M1巨噬细胞则以有氧糖酵解为基础。然而，很少有研究表明线粒体动力学之间的关系，根据笔者的研究，FAM73B的缺乏促进了M1表型的产生，而ecar没有增加，结果表明线粒体的分裂能够调节巨噬细胞的极化过程。IL-12的诱导通过Parkin促进了CHIP-IRF1轴的稳定性，PINK1-Parkin通路可以通过调节Mfn1和OPA152促进线粒体的分裂，但Mfn1/2或FAM73B的Parkin缺乏也增加，这表明线粒体分裂是促进Parkin水平和获得线粒体质量的反馈回路的一部分，内质网应激对UPR的激活和Parkin表达的调节具有重要作用，FAM73B的缺乏可通过应激促进Parkin的转录[171]。

线粒体动力学的代谢变化可能与炎症和免疫极化有关。但目前尚不清楚骨髓线粒体组织是否会影响肿瘤免疫系统。皮肤线粒体蛋白在tora受体调控的线粒体从融合到分裂的结构过程过程中起着关键作用。通过FAM73B消融，转为有丝分裂，促进IL-12的形成。在肿瘤噬菌体细胞中，这种转化导致T淋巴细胞活化，增强抗肿瘤免疫。Parkin通过蛋白质水解控制下流芯片CHIP-IRF1轴的稳定性。研究发现其机制与线粒体动力学有关，线粒体动力学控制肿瘤的免疫反应，可能成为肿瘤免疫治疗的靶点。

线粒体产生细胞能量，通过相对裂变和合成过程改变其生物合成形式。动态线粒体网络提供信号传输、生产和生物合成服务。线粒体形态的变化也影响了细胞的存活、细胞的消失和细胞代谢的动态平衡。外膜和内膜都参与了线粒体的合并和分裂。Mfn1和Mfn2是线粒体形态整合和维持所必需的。线粒体的生理功能虽然与其形态功能有关，但线粒体的动态变化和生理功能之间的关系并不清楚。FAM73A和FAM73B小鼠是动态的，仅表现为轻度反应动态。因此，FAM73B和FAM73A小鼠是评价线粒体在宿主免疫稳定和防御中作用的合适模型。巨噬细胞是肿瘤炎症微环境中最重要的白细胞，研究结果表明线粒体动力学在先天性细胞介导的抗肿瘤免疫中起着意想不到的作用。

总之，通过调节线粒体形态可以开展癌症免疫治疗。在物理学上，TLR和IL-4分别促进分裂。线粒体分裂由多种分子介导，特异性消融FAM73B可显著提高T淋巴细胞对肿瘤生长的反应，线粒体分裂在调节IRF1稳定性和促进肿瘤生长中起着关键作用。此外，一个高度调控的Parkin可以募集分裂的线粒体并抑制CHIP-IRF1轴的信号传递，这对于改善体内IFN的极化非常重要，该发现证明了一个新的控制先天性免疫应答的信号网络，对癌症的治疗有着深远的意义。

4.7 本章小结

线粒体不仅是传统的合成能量的细胞器，还具有其他重要的生理功能，例如当今受到人们重视的免疫学的相关效应，该效应能够使宿主有效地对付内源性DAMPs和外源性的PAMPs。

该效应的主要机制包括以下几个方面：

① 线粒体调节中性粒细胞的功能；

② 线粒体参与细胞的凋亡过程和自噬的调节等。

与线粒体有联系的MVAS、DAMPs和NLRP3都是由线粒体产生的，这些物质能够调节各种病理性机体免疫反应，而且还是一些与炎症有关的疾病的关键调节因素，它们能够在一定程度上表示各种疾病的发展与转归的情况，目前人们正不断深入地探索线粒体的功能，研究表明：线粒体不仅能够通过直接作用来使免疫反应所介导的有关因子激活，还能够调节并控制免疫有关的信号来调节先天性机体免疫反应，在相关炎性疾病治疗中发挥重要作用。线粒体介导的免疫反应，对于人类疾病的治疗具有重要意义，进一步阐明线粒体在相关疾病中的分子机制，可以为多种疾病的治疗提供新的思路和理论基础，对抗感染疫苗和药物的研发有重要意义。

第5章 机械力介导下线粒体动力学响应

5.1 概述

人对力的认知最早来自肌肉紧张造成的感觉，表现为手用力掰开瓜果（形变）或腿用力踢开石头（运动）。因此，将力定义为使物体发生运动或形变的一种机械作用，主要包括内效应（物体内部的变形）和外效应（物体的外在表现）。在人体内广泛存在力对组织、介质或器官的运动效应。例如，心脏的收缩力驱动血液在全身运输、外肌和膈肌收缩引起空气在呼吸道和肺内循环、胃肠蠕动引起的交替性收缩力等都是运动的例子。同时，在人体内也广泛存在力对组织及细胞的形变效应，如动脉血管管壁内沿轴向的弹性纤维、骨细胞受力导致的钙离子浓度的改变、胶原蛋白聚合成胶原纤维等一系列的生化反应。

随着研究技术水平的提高，基于电子显微镜观察到细胞内具有由微管、微丝、中间丝等构成的骨架结构，连接细胞膜和细胞核共同构成细胞的网络，承受一定的张力和变形，保持细胞的扩展状态。在外界机械力的刺激下，细胞承载结构的几何形状和力学关系会导致一些特定的生化反应、细胞机制、线粒体等活性物质发生改变，进而导致包括动脉粥样硬化、青光眼等力相关疾病的发生发展，尤其线粒体是磷酸内部氧化和合成的主要场所，这为细胞的各种生理操作提供了能量。由于线粒体合成 ATP 取决于心肌细胞对能量的需求，因此其是高度动态的细胞器，线粒体的合并和分裂的过程，被称为线粒体动力学。线粒体的合并和分裂的相对速度决定了线粒体的形状、数量和分布，而线粒体的动态平衡在保持能量交换和心肌细胞收缩方面起着重要作用。几乎所有线粒体细胞的种类和类型都在合并和分离的动态平衡中。心肌细胞中线粒体的合并和分裂成心肌细胞，可以促进线粒体之间的合作，促进能量和遗传物质的转移，促进复杂的生命活动，严格控制线粒体动力学对于保持心肌细胞功能是非常重要的。现在人们认为，动态线粒体与许多心血管疾病的病理过程有关。线粒体的融合和心肌细胞的分裂会发生动态变化，由于生理条件不同，线粒体对心血管疾病的影响机制仍不清楚。越来越多的数据表明，线粒体动力学的变化与心血管疾病，如胃病、出血、心血管衰竭等有关。因此，不同组织或器官的细胞内线粒体动力学、生化状态如何介导适应其应力状态，是生物学中最具生命力的研究课题之一。

5.2 线粒体与青光眼

“线粒体功能障碍可能是导致青光眼神经退化变性的发病机制”已成为研究热点，研究表明视网膜神经节细胞死亡时线粒体动力学响应可诱导产生免疫、胶质间隙和遗传学等因子改变。因此，线粒体融合/分裂的调控可作为延缓青光眼及其相关性的神经退化性疾病的神经细胞损伤的线粒体功能性疗法。青光眼作为世界上第二大致盲疾病，是一种视神经退化性疾病，主要特征为视网膜神经节细胞（RGCs）加速死亡，表现为眼内压（IOP）上升。临床的治疗研究发现仅控制 IOP 并不能阻止青光眼的发展，且发病率随着年龄的增长而成指数倍增加，表明衰老可能使视神经对各种因素的敏感性增加，并导致 RGCs 死亡及病变。其中视神经主要由 RGCs 的轴突汇集而成，其作用主要是将视网膜上的信息传递至大脑皮层和传导感光细胞产生的神经冲动。视神经是耗氧量较高的组织，需要大量的线粒体来保证机体功能正常发挥。视神经线粒体的分布取决于线粒体动力学，主要表现在通过抑制线粒体融合蛋白（Mfn1、Mfn2 和 OPA1）的表达诱发过度分裂，最终导致线粒体网损伤。因此，线粒体动力学所影响的视神经的分布对维持其功能起着关键的作用。其中，氧化应激是线粒体功能障碍中最常见的表现。

（1）线粒体中活性氧的产生

含氧自由基是最重要的自由基类型，即活性氧（ROS），包括超氧阴离子、过氧化氢、羟基自由基（·OH）、一氧化氮（NO）等。活性氧是由细胞内的非酶反应和酶反应产生的，但在协同作用下产生的自由基有两个来源：一个来源是紫外线、可见光、电离辐射和光子吸收；另一个来源是从脂类提取出的对人和动物组织和细胞有毒性作用的物质，如4-羟基烯醛(HNE)，是组织和细胞中毒性最强、含量最丰富的醛之一。1979年，Chance等证明了线粒体呼吸链中电子传递产生的自由基与呼吸链中的酶复合物Ⅰ（NADH-ubichinon还原酶）和酶复合物Ⅲ（ubichinon-细胞色素c还原酶）密切相关。

（2）活性氧与线粒体疾病的关系

目前，自由基被认为与癌症、2型糖尿病、缺血性高血压等疾病有关。据老龄化线粒体理论，自由基的产生使mtDNA突变，引起线粒体功能障碍，进而导致更多的自由基出现，细胞死亡。随着细胞内抗氧化剂的减少，游离基的含量也随着年龄的增长而降低。研究发现，肌纤维mtDNA突变概率普遍较低，但累积的mtDNA突变导致线粒体功能严重丧失。此外，阿尔茨海默病、帕金森病、亨廷顿病、肌肉硬化遗传性痉挛性瘫痪也是细胞内蛋白质和活性氧的脂质氧化物损伤的结果。

（3）线粒体与眼科疾病的关系

研究线粒体和白内障之间的关系表明，晶状体的上皮细胞是单层上皮细胞，晶状体胶囊内外的正常渗透压是由酶的活性超载维持的。任何影响晶状体正常功能的刺激都可能导致白内障。研究发现，在紫外线使主轴变浑浊的过程中，晶状体上皮外壳发挥关键的作用。对晶状体超精细上皮结构的研究表明。白内障的结构不均匀，研究发现H_2O_2浓度越高，晶体细胞越受到抑制，线粒体间的电势越极化，更多的线粒体膜损伤（PTP）发生在跨膜运输孔（释放PTP、CytC），而跨膜运输是线粒体呼吸链的一个重要组成部分。此外，线粒体内GSH浓度的维持已被证明是细胞存活的关键。氧化应激是线粒体功能障碍的一个特征，指的是机体在遭受有害刺激时，活性分子如ROS增加，体内氧化物增加，进而诱导细胞凋亡的病理反应。应激介导的线粒体损伤会使蛋白质及DNA等受到影响，表现为氧化应激反应，其是引发眼部疾病的主要发病因素。氧化损伤在眼科疾病的发病机制中起着重要作用，眼组织和细胞内环境的平衡、晶状体的透明性和小梁网的正常功能是线粒体抗氧化修复系统共同作用的结果。一旦平衡被打破，将导致晶体细胞内蛋白质聚集，视网膜细胞质膜和器官膜结构改变，细胞功能下降，细胞凋亡和坏死。因此，为了预防或修复线粒体功能的氧化应激损伤，对线粒体动力学相关功能进行研究可为视网膜神经相关疾病的发生发展提供新的思路及疗法。

综上，以线粒体动力学为目标的干预治疗为RGCs丧失的治疗提供了新的思路。研究表明线粒体功能及生物合成的能量限制SIRT1路径。能量摄入限制（CR）为延缓衰老进程的非遗传性调控方式，可降低年龄相关性疾病的易感性（癌症、心脑血管疾病及神经性相关疾病）。CR的作用机制主要是通过调控线粒体功能实现的，增强线粒体呼吸和生物合成，减少ROS的生成，可保护神经细胞免受损伤。另一种方法则是逆转线粒体，即增加线粒体的生物合成，而生物合成主要由线粒体动力学进行调控。在能量限制的过程中线粒体会通过动力学调控提高线粒体自噬能力及线粒体的生物合成，进而降解多余或受损的蛋白质。与此同时，线粒体分裂也是提高线粒体周转速率的关键因素，进而抵抗细胞器受损老化，在线粒体去极化后通过自噬选择性移除分离受损的线粒体。研究表明，线粒体动力学不仅能维持线粒体正常功能，还参与了维持mtDNA稳定、细胞衰老等过程。在视神经系统疾病中也发现了线粒体动力学异常的响应情况，表明线粒体融合分裂异常是神经变性疾病的致病机理之一。因此有针对性地开展神经变性疾病中线粒体动力学异常及分子调控机理的探索研究，将为揭示神经病变性疾病的机理及治疗提供新的靶标。

5.3 应力介导线粒体成肌细胞

错颌畸形是受到遗传及环境因素影响所致的牙齿及颜面发育畸形，其严重影响了人们颜面美观及口腔功能，近年来发病率呈上升趋势。牙颌面矫形已成为正畸学的重要组成部分。临床上，生长期儿童早期骨性错额畸形及某些不良习惯导致的畸形可通过功能矫治器改变下颌位置，牵张口周肌肉及相关咀嚼肌，将肌肉收缩产生的力传递到牙齿及颌骨部位，进而使肌肉组织出现适应性改变，构建新的平衡形态，从而达到生长调控及防治的目的。研究表明，通过功能矫治器改变下颌位置可诱导面部肌肉组织在形态结构方面进行重建，同时面部相关肌肉组织和骨组织的适应性改建需协调平衡维持治疗效果。因此，面颌部肌肉组织的适应重建对牙颌的治疗效果具有重要意义。

翼外肌主要通过功能和结构的适应性重建在牙及面部畸形的发展、治疗中发挥着重要的作用，是适应性重建的主要体现者及矫正治疗维持的关键。其主要功能是促进骨骼在修复过程中的改造和恢复，保持关节过程之间的联系，并调节软骨细胞的生长，在保持关节稳定和骨骼修复过程中起着重要作用。在治疗第二类牙衰竭的过程中，外部肌肉主要在扩张时受到张力的影响。通过使用电图恢复后翼肌的伸长可以得出结论，在肌翼向前运动时，翼外肌的收缩得到加强。肌肉细胞在连续张力调节下进行适应性改造。细胞感受机械信号和适应改造是目前研究的热点之一。其中翼外肌的改建主要通过细胞的增殖、分化与凋亡实现，而线粒体的凋亡等过程受到线粒体动力学调控。对翼外肌进行形态学、生物力学和收缩功能等方面的研究表明，力学信号是翼外肌产生适应性重建的关键因子。同时成肌细胞是构成翼外肌的基本单元，深入探索成肌细胞对力学信号的传导机制对于阐明功能矫正骨骼肌重建的机制非常重要。

丝裂原活化蛋白激酶（MAPK）是重要的真核细胞信号传输系统，它可将信号由细胞外传递到细胞内，引发相关的各种细胞反应，该系统还在一些相关的生理过程、各种机体生长发育的过程以及细胞分化凋零中发挥重要作用。高热等环境中的炎性相关因子都能够激活 MAPK 通路。

MAPK 通路具有以下特点：

① 络氨酸相关双位点所进行的磷酸化活化过程需要用到 VIA 区域存在的各种氨基酸；

② 由脯氨酸参与介导的 Ser/Thr 蛋白相关激酶属于一类三级的激酶级联，它具有最小的共同靶序列 Ser/Thr-PRO-MAPK 信号转导，而且具有高度保守的特点。

在一些物质刺激细胞时，会激活丝裂原活化蛋白激酶激酶（MAPKK）磷酸化，被激活的 MAPKK 通过苏氨酸及赖氨酸的相关双位点的磷酸化去激活相应的 MAPK。导致 MAPK 失活的本质是 MAPK 的去磷酸化。目前，MAPK 家族包括 5 个路径：细胞外调节蛋白激酶通路、丝裂原活化相关蛋白的激酶通路、活化蛋白相关激酶通路、p38MAPK 介导的信号通路以及 Erk3/4 通路。而处于 MAPKK 以及 MAPKK 上游的每个通路都是不同的。

目前研究发现，p38MAPK 的相关表达能够增强同一刺激引起的相关细胞凋亡，并且 p38MAPK 的相关表达能够使 Fas 抗体以及紫外光引起的机体细胞凋亡相应减少。在近几年的科学研究中发现，p38MAPKs 一方面介导了炎症反应的发生；另一方面还传导了细胞应激过程中的各种相关信号，以此来调节各种应激状态下机体内不同细胞所引起的增殖以及凋亡过程。

p38MAPK 是 MAPK 家族的一员，一类磷酸化的蛋白激酶，分子量为 38000，它参与的级联激活有关过程是：ASK1 首先激活 MKK3/MKK6，最后由 MKK3/MKK6 对 p38MAPK 进行激活。研究表明，p38MAPK 能够抵抗萎蔫和提高细胞的存活率。p38MAPK 很可能会抵抗炎症导致的细胞萎蔫。不同的 p38MAPK 抑制剂可以抑制不同的家庭成员。p38MAPK 抑制剂是一种金字塔化合物，如 SB20350 可以抑制 p38MAPK 激活。结果表明，一种特定的 p38MAPK 抑制剂 SB203580 可能导致结肠癌细胞缺血。p38MAPK 还参与了肌肉细胞萎蔫引起的循环拉伸过程。p38MAPK 的蛋白质生成与 Bax 的表现相关，并与拉伸周期的长度存在一定的关联性。实验结果表明，p38MAPK-蛋白可能导致细胞心肌萎蔫。为了确定 p38MAPK 信号的具体影响，使用一个特殊的 p38MAPK SB20350 抑制剂抑制 p38MAPK，并在试验中发现细胞萎蔫。SB203580 是一种吡咯的混合物，可以抑制 p38MAPK 的表达。结果发现，细胞的放射性会随时间的推移而减少。目前的研究表明，在 T 期间的张力可以刺激 p38MAPK 活化，从而导致肿瘤坏死迹象，然后介导 TNF、IL-6、caspase-3 等细胞因子的表达，从而调控成肌细胞的细胞周期，介导细胞的凋亡。

由此可见，构建成肌细胞体外培养力学刺激模型，探讨周期性张应力对成肌细胞凋亡的影响，明确线粒体通路在应力介导的成肌细胞凋亡中的作用及作用机制，从而阐明机械应力下面颌肌细胞适应性重建可能存在的内在分子调控机制，将为口腔临床医生应用不同方法诱导或调控面颌肌肉改建提供理论指导。

5.4 机械力介导线粒体与能量代谢

线粒体存在于各种真核细胞中。线粒体合成了机体进行各项生命活动所依赖的大多数能量，被通俗地称为真核细胞的能量"发电厂"。蛋白质、脂质以及一些DNA、RNA和辅酶共同构成了线粒体的主要部分，线粒体干重大部分都是蛋白质。线粒体内存在多种酶，其中，部分标记酶是线粒体所特有的，例如单胺氧化酶是线粒体外膜特有的、细胞色素氧化酶是线粒体内膜所特有的、腺苷酸激酶是膜间隙所特有的、苹果酸脱氢酶是线粒体基质所特有的。

线粒体的直径范围在通常情况下为0.5～0.9μm，长度则在1.5～3.0μm范围内，通常情况下其变化较大，有时还能够达到10μm之长，人类所含的成纤维细胞所具有的线粒体比较长，达40μm；在不同组织中还可能存在一些巨细胞线粒体，它是体积不正常的线粒体，在有些细胞中，线粒体可能会存在分布不均匀的情况，有些线粒体还会堆积在细胞质的边缘。在细胞质中，线粒体通常会集中在一些代谢活跃的地方，因为这些地方通常需要更多的三磷酸腺苷，例如含有许多线粒体的肌细胞的肌纤维。此外，精母细胞、鞭毛、纤毛和管状细胞的基部都含有较多的线粒体。除了代谢活跃的地方，线粒体也集中在有更多氧化反应底物的区域。线粒体被膜的内层和外层互相封闭，包含了四个功能区，即外膜、内膜、膜间隙以及基质。肝细胞线粒体在各个功能区的蛋白质含量分别为基质67%、内膜21%、外膜8%以及膜间隙4%。存在于线粒体内膜上的相应酶以及辅酶都以特定的次序互相排列，并组成了电子传递链。被代谢物去除的氢通过由多种酶和辅酶催化的链式反应逐渐传递，并最终与氧结合产生水。由于该过程与细胞利用氧气产生二氧化碳的呼吸有关，所以该传递链被称为呼吸链。呼吸链是由复合体Ⅰ、复合体Ⅱ、复合体Ⅲ、复合体Ⅳ、复合体Ⅴ共同构成的。复合体Ⅰ为INADH-Q还原酶，它的辅基是FMN以及相应的Fe-S；复合体Ⅱ是琥珀酸-Q还原酶，它的辅基是FAD以及相应的FeS；复合体Ⅲ是细胞色素还原酶，它的辅基是血红素B、相应的血红素C以及FeS；复合体Ⅳ是细胞色素相关的氧化酶，它的辅基是血红素A、相关的血红素A3以及Cu；复合体Ⅴ是ATP合成酶。铁硫和血红素传递氢和电子NAD、FMN、FAD、CoQ，钴基铁、铜可获得或损失电子，并以此传递电子。以上各种复合体中，复合体Ⅰ、复合体Ⅲ和复合体Ⅳ构成了氧化呼吸链，复合体Ⅱ、复合体Ⅲ和复合体Ⅳ则构成了琥珀酸氧化的相关呼吸链。

线粒体内所含的相关脱氢酶主要使用 NAD^+ 作为辅酶。当氢气脱氢酶在 SH2 基底催化分解时，氢气被转移到 NAD^+ 生成 $NADH^+$。通过对 NADH-Q 还原酶（复合体Ⅰ）内酯施加压力，氢原子被转移到 FMN 中生成 $FMNH_2$。在此期间，2 个氢原子被分解成为 2 个质子以及 2 个电子，其中的 2 个质子存在于介质中，2 个电子则被细胞色素还原酶，即复合体Ⅲ传送到细胞色素 C 上，然后相应的细胞色素氧化酶，即复合体Ⅳ把细胞色素 C 上的 2 个电子传递到氧气中产生 O^{2-}，O_2 和氢离子结合生成 H_2O。

在整个氧化磷酸化的过程中，生成的活性氧不仅参加了线粒体能量代谢调节，还在调节基因转录及氧化还原相关激酶活性中扮演着重要的角色。若阻断线粒体的氧化磷酸化过程，那么线粒体所需的氧量就会相应变少，活性氧会相应变多，从而引起线粒体氧化损伤及线粒体 mtDNA 的突变，其中突变线粒体与野生线粒体中所含的 mtDNA 之比决定了是否会出现生化指标和临床异常。当两株具有氧化磷酸化功能的 HeLa 细胞因 mtDNA 的病理突变位点而受到影响时，发现在不影响线粒体功能的情况下，HeLa 细胞所占的比例是可以控制的，线粒体的融合修复了细胞的能量代谢。在应激状态下，随着 ATP 合成的增加，心肌细胞的线粒体融合的活性受到明显调节，而且在通常情况下线粒体都会处于最好的状态以便满足细胞对能量的高需求。线粒体分裂可以分离其中的 mtDNA 以避免 mtDNA 受到各种不可逆的伤害。如果线粒体的对应膜电位及 pH 梯度都无法到达融合水平，融合后的线粒体就会无法重新进入线粒体的相关网络，最终自噬而消除。所以健康的线粒体群体对于保持细胞线粒体能量代谢的稳定更有价值。线粒体可以通过分裂来抑制细胞的呼吸链，从而生成更多的氧自由基，使 ATP 的生成相应减少，而且线粒体在融合分裂方面进行的动态平衡调节对于维持线粒体自身的空间分布、形态结构以及各种功能都是有利的，并且还能够降低机体心肌细胞凋亡的风险。这些功能能够有效维持心肌细胞中线粒体的动态过程。

线粒体是代谢平衡的基础。营养物质流动转化为分子 ATP、合成的线粒体中间产物和活性氧。在各种含有线粒体的生物体内，线粒体功能的衰减会直接导致营养物质的流动转化受到影响，直接影响生物代谢，并引起衰老、癌症等疾病。近年来，人们在解决这些复杂问题上取得了很大的进展，最近的研究主要聚集于以下 3 个方面：

① 线粒体功能亢进的有关假说，相应的在机体老龄化过程中由 SMRT 介导的线粒体反应；

② 被损伤的机体的线粒体的容积，例如在糖尿病和肥胖的情况下，对内分泌和代谢问题的反应；

③ 线粒体能量对肿瘤发生发展的适应是一种新的形式，它提供 H＋ATP 酶调节细胞周期和变形环境，促进线粒体磷的氧化、氧化剂的产生和细胞的死亡。

线粒体动力学在维持心肌细胞正常的能量代谢过程中扮演着十分重要的角色，导致线粒体的功能受损或心肌细胞正常能量代谢紊乱的主要因素就是细胞有丝分裂及融合过程产生了不平衡的现象。

5.5 机械力介导下韧带成纤细胞线粒体

女性盆腔器官脱垂（pelvic organ prolapse，POP）是盆底功能性障碍疾病，主要由妊娠、肥胖等压力增加导致，说明力学因素是 POP 的发病机制中关键因素[172]。POP 作为中老年妇女的常见病，60 岁以上妇女中 POP 的发病率高达 25%，严重影响女性的身心健康。同时，研究表明，POP 的发病机制与机体氧化还原失调密切相关，而线粒体作为 ROS 产生的主要部位，机体氧化应激水平诱发线粒体损伤加剧，POP 的发病机制可能与线粒体的功能有关[173]。宫旁韧带是维持子宫正常位置的受力部位，由细胞和胞外基质构成。因此，机械力是诱导细胞内部结构损伤的主要诱因，机械力加载刺激后，宫旁韧带成纤维细胞（human parametrial ligament fibroblast，HPLF）线粒体形态发生变化，从而诱导细胞凋亡。从细胞力学的角度研究，外界加载循环应力模拟体内环境表明，机械力介导 HPLF 细胞可诱导氧化应激反应，进而引发细胞凋亡衰老，导致 POP 的发生。采用透射电子显微镜对 POP 患者的盆底研究显示，在机械力加载情况下，抗氧化酶的表达显著降低、ROS 增加、线粒体损伤，尤其是 5333μstrain 时，细胞骨架结构被损坏，线粒体动力学酶（Drp1）过表达，进而诱导产生大量凋亡小体等物质[174]。与此同时，线粒体作为 ROS 的主要生产器官，在急性乙醇中毒的大鼠模型中，肝细胞线粒体嵴紊乱，产生空泡，导致线粒体膜局部溶解，表明线粒体动力学介导的线粒体结构改变与细胞氧化应激水平密切相关。有研究表明，机械力增加可诱导过氧化应激水平提高，进而导致线粒体形态结构发生改变[175]。当机体处于氧化应激状态时，ROS 的增加可通过调控与细胞衰老的相关通路及线粒体动力学介导细胞衰老凋亡的发生，因此，在一定范围内机械力的增加可导致线粒体动力学紊乱，线粒体发生损伤，进而加速细胞的衰老凋亡进程。

第6章 结语与展望

6.1 线粒体动力学研究总结

线粒体作为真核细胞内关键的细胞器，机体内超过90%的能量均由线粒体提供。线粒体的主要功能包括为机体提供能量和调控细胞代谢中的关键因子。线粒体作为一个高度动态化的细胞器，在细胞的不同生理病理状态会产生相应的响应，而线粒体动态的维持与线粒体动力学改变密切相关。线粒体不断分裂和融合，二者之间维持动态平衡，对于细胞积极有效地适应环境的改变具有重要的意义。线粒体动力学的失衡不仅与机体的生长发育有密切关系，而且还与糖尿病、肿瘤、肝病和心脑血管疾病等多种疾病密切相关。

① 线粒体动力学受到分裂蛋白（Drp1、Fis1）和线粒体融合蛋白（Mfn1、Mfn2、OPA1）的调控，线粒体通过产生动态的融合和分裂，进而实现线粒体动力学的相关功能。在不同的生理病理的外界刺激下，线粒体分裂可实现细胞凋亡过程中CytC释放、线粒体重新分配以及选择性线粒体降解；而线粒体融合是通过线粒体基质交换促进生物学特征平衡以修复损伤线粒体。细胞内线粒体的网络化程度取决于线粒体融合与分裂的相对速度。线粒体动力学失衡可导致线粒体形态改变、ATP合成能力下降、膜通透性增高、膜电位降低等损伤，这些改变通过调控分子参与细胞的凋亡、衰老及自噬等生理及病理过程。

② 线粒体形态和运动动力学主要通过调控线粒体结构功能介导细胞内各种离子的稳态及细胞内稳态，从而调控细胞和机体的生理病理过程，在多种心、脑疾病中具有重要的意义。大量研究表明，线粒体融合与分裂及其运动轨迹等对神经生理（神经突触的运转和可塑性）具有显著的影响，进而导

致细胞凋亡，神经细胞的机构和功能性受损会导致神经性退化疾病的发生（AD、PD、HD）。与此同时，线粒体动力学和心肌细胞骨架具有密切的关联性。在外界刺激下，线粒体动力学会发生相应改变，这些改变在心脏疾病中具有重要的意义和作用，甚至线粒体动力学特性的改变可以介导细胞代谢功能紊乱，会诱导癌症的发生。此外，在炎症反应过程中，血浆及细胞可以产生许多炎症介质，不仅与线粒体各种功能具有密切的关系，还可以介导各种促炎因子及相关酶类，从而改变线粒体的分裂融合。在线粒体动力学与疾病的研究过程中，越来越多的线粒体相关靶点被发现，如 MPTP 和 MCU 就成为了减少心肌细胞凋亡、保护心肌的靶点，可减轻线粒体功能损伤，抑制心肌细胞的凋亡。因此，线粒体动力学平衡与相关细胞的损伤相关性，会伴随着线粒体形态的改变以及运动状态的变化进行调整，这些现象均揭示了线粒体动力学在相关疾病中具有重要意义，也是当前研究的热点。

③ 线粒体表观遗传调控是对线粒体基因组编码基因的表观遗传学修饰调控，可导致线粒体基因组编码基因表达改变，进而诱导线粒体异常功能的产生，导致发生多种线粒体表观遗传的相关疾病，在基因表达控制方面具有重要的调控作用，其主要包括组蛋白修饰及 DNA 甲基化等。表观遗传学，特别是线粒体表观遗传研究在基础及临床水平上是目前的研究热点，其研究主要源于两个观察：首先，特定表观遗传基因变异的检测可作为肿瘤的标志物；其次，大多数表观基因的变异具有可逆性，可引领新的抗癌疗法的发展。表观遗传学研究作为生命科学中极其重要的研究领域，在基因表达、调控、遗传、肿瘤的发生、炎症、免疫等发生及防治中起着极其重要的作用。目前，大多数低甲基化制剂药物已用于 MDS 和 AML 患者的治疗，取得了一定的疗效，但其机制并不十分清楚。因此，表观基因疗法被认为是一种可能极有前途的治疗手段，可通过恢复异常细胞的线粒体动力学控制来稳定并治疗疾病。

④ 随着科学技术的发展，不同学科相互渗透。近年来，线粒体的研究不仅仅停留在纯生物学的角度，科学家利用线粒体作为一种分子钟来推测人类的起源，并检验线粒体在细胞分裂、代谢、凋亡中的作用，而且越来越多的研究表明线粒体与衰老有关。线粒体是研究衰老过程中的一个很好的突破，对线粒体与认知老化的研究至关重要，可以提供某些心理疾病

的治疗思路及降低和控制老年风险，以实现健康老龄化，提高老年人的生活质量。与此同时，癌症细胞代谢的改变对肿瘤的产生和发展具有显著的影响，尤其是通过异常的能量代谢所产生的产物和中间物质具有促进肿瘤在缺氧或营养匮乏的环境中生长和发展的功能。以线粒体为靶向药物的研究可以加速这一治疗原理在临床的应用。线粒体参与或主导了多种肿瘤细胞特征的转变，包括细胞能量代谢异常、抵抗细胞死亡、促进肿瘤的炎症和逃避免疫杀伤等。细胞能量代谢的改变对肿瘤的生长至关重要，这与线粒体的代谢作用具有密切的相关性。总之，深入了解肿瘤细胞线粒体代谢变化机制，可以开发更高效的抗癌剂，这会引领一个高特异性细胞工具的时代。

⑤ 线粒体不仅参与机体细胞能量代谢和细胞凋亡等多种生物学过程，而且还参与机体的天然免疫反应的调节。线粒体不仅可以作为病毒免疫反应的载体，还可以通过产生 ROS 参与抗菌反应，通过相关 DAMPs 识别受体，从而参与宿主的免疫调节。目前关于线粒体免疫应答主要集中在线粒体损伤释放的 DAMPs 可以直接与免疫细胞上相应的受体结合，一方面促进各种炎症因子的分泌，导致器官损伤和炎症反应；另一方面可以通过激活免疫细胞的天然免疫系统，发挥抗病毒或抗肿瘤效应。线粒体已成为机体内源性 DAMPs 的一个重要来源，在先天免疫应答以及疾病进展过程中发挥着重要的作用。此外，线粒体作为对运动刺激高度敏感的细胞器，是线粒体质量控制的关键影响因子之一。运动可以促进线粒体的功能，从而改善细胞的功能，维护机体的健康。近些年，大量的研究均证实运动与线粒体动力学改变有密切关系，而且线粒体质量的维持与线粒体动力学具有显著的相关性。

线粒体动力学与医学的研究是当前生命科学中的热点问题。本书以线粒体动力学表观遗传学、代谢、免疫应答为基础，围绕衰老、线粒体功能相关重大疾病（如帕金森病、肿瘤、心脑血管疾病等），阐述了线粒体动力学相关方面的基本规律及研究现状，探讨了线粒体在相关疾病靶向干预中的作用机制。本书全面介绍了线粒体动力学响应的基础性内容和线粒体相关疾病方向的研究进展，不仅有助于了解线粒体动力学与医学中基本理论和研究现状，而且有助于线粒体相关疾病新型疗法的研发。

由此可以了解线粒体相关疾病的研究体系及前沿研究，因此，本书围绕线粒体动力学与医学的研究中的热点问题，以新近研究成果为基础探究了线粒体功能相关疾病，以期为了解线粒体与医学中的基本科学问题和研究现状提供一定的参考。

① 内容创新方面，本书对于线粒体方面的介绍主要围绕线粒体动力学与重大疾病发生发展的最新研究；

② 结构体系方面，本书在系统介绍线粒体的基础上，结合线粒体动力学相关的重大疾病研究，对线粒体动力学表观遗传、代谢、免疫应答及机械力介导方面进行了分类介绍。

6.2 线粒体动力学研究趋势

线粒体质量控制对维持细胞的健康至关重要，而线粒体质量的控制与线粒体动力学密切相关。尽管许多研究均证实了线粒体动力学与多种疾病的发病有关，但其研究结果尚不一致。

1）线粒体动力学调控的分子机制正在逐步被揭示，对其进行深入的研究能为探索线粒体动力学的生物学功能（DNA 及蛋白质质量监控、细胞衰老凋亡及自噬等）提供有力的工具。目前，研究表明，线粒体形态并不直接介导细胞凋亡，但细胞凋亡过程却伴随着线粒体形态结构的改变，因此，细胞凋亡调控的蛋白如何介导线粒体形态结构是非常关键的科学问题，且线粒体动力学对细胞凋亡的调控具有规律性，然而，这一调控机制仍不清楚，需要进一步探索。

与此同时，线粒体动力学与炎症反应之间具有复杂的关系，目前并不十分明确。大量研究表明，炎症因子可通过诱导改变线粒体的分裂和融合，使线粒体的功能和结构发生改变，进而导致相关疾病的发生。因此，炎症因子可作为改善线粒体动力学的靶点，通过调控其表达水平，提供细胞的应急能力，从而改善机体的功能，可能成为未来治疗疾病的一个方向。然而，不同的外界环境及细胞组织类型，会导致不同的线粒体动力学及炎症反应等不同的响应机制，因此，这一领域将成为未来研究的难点。

2）线粒体动力学失衡与神经性疾病及心血管疾病的潜在分子机制研究

取得了较多的进展。线粒体动力学的动态平衡受到线粒体融合蛋白和分裂蛋白的多种调节位点的精准调控，一旦动态平衡被打破，各方面的线粒体功能均可诱导神经系统退化性疾病及心血管等疾病的发生。目前关于线粒体动力学的研究主要集中在蛋白水平，但在基因水平的研究仍较缺乏，因此，深入研究线粒体动力学基因表达水平，对进一步了解相关疾病的发病机制、为临床诊断及治疗研究提供新的方向。心血管疾病中，不同组织与线粒体动力学的潜在分子机制具有很大的不同，在某些情况下，线粒体动力学相关蛋白会诱导独立于线粒体动力学的心肌病或导致独立于线粒体的细胞代谢失调引起的扩张型心肌病。然而，线粒体动力学与心脏病发病机制目前尚不清楚，而大量研究已经证实某些化合物对线粒体动力学的调节有很大的潜力。因此，深入探索线粒体动力学与心脏病发病机制，可为为优化心脏疾病而设计的治疗策略提供理论依据。

3）运动对线粒体动力学的影响规律及其机制对提高运动对健康的认识具有关键的作用。其中，线粒体的运动和固定是非常关键的问题之一，涉及的物质主要包括分子马达及衔接蛋白等，尽管许多研究表明，线粒体动力学与疾病的发生发展具有显著的相关性，但研究结果仍有不一致，甚至两者产生的变化规律表现出截然相反的结果，特别是运动导致的线粒体动力学改变的机制则更加不十分清楚，因此，进一步探索运动改变线粒体动力学的重要蛋白结构解析的规律及机制，可为设计线粒体动力学相关的疾病的药物提供有用的信息。其中，运动干预心肌线粒体动力学的研究，应主要从以下几方面进行深入的研究：

① 目前的研究主要集中在急性运动与生理状态下心肌线粒体动力学的相关性研究，而缺少不同负荷和运动方式干预下病理状态的相关研究；

② 运动介导下的衰老后心肌线粒体动力学具体呈现何种特点，目前鲜有研究报道；

③ 线粒体动力学是线粒体质量控制的一个重要环节，线粒体动力学与线粒体自噬关系极为密切，融合-分裂是修补线粒体的机制，也是自噬清理损坏线粒体的一种机制，是线粒体自噬的前提，心肌线粒体数量巨大，其质量控制更为复杂，然而，心肌线粒体动力学与自噬结合研究较少，运动干预心肌线粒体动力学和自噬会产生何种变化，对线粒体质量控制产生何种影响

还有待进一步研究。

4）线粒体的表观遗传学的变化对新的药物治疗靶点及阐明药物新的作用机制具有重要的意义，同时可用于相关疾病的生物标志物的研发。线粒体表观遗传学主要包括 mtDNA 甲基化，贯穿整个生命过程，其作为一种潜在的标志物用于检测和疾病诊断成为研究的热点，线粒体表观遗传修饰模式变化已应用到对环境毒理、癌症以及多种疾病发生的检测标志物，目前主要针对羟甲基化及 mtDNA 甲基化过程进行研究，但是 mtDNA 表观遗传学中的作用及治疗靶点等（线粒体 DNA 异常甲基化干扰问题、mtDNA 和 nDNA 相互作用协同关系及线粒体表观遗传能否成为新兴药物干预治疗靶点）研究仍需要进一步的探索，为相关疾病的预防、诊断甚至治疗提供新的突破口。

5）肿瘤细胞代谢的改变对肿瘤的生长至关重要，尤其是肿瘤细胞的线粒体在结构和功能上都与正常细胞的线粒体不同，发生较为广泛的变异代谢，为肿瘤细胞在营养匮乏或缺氧的环境中也能提供大量的能量。因此，线粒体靶向药物治疗机理主要是通过线粒体丙酮酸代谢障碍、线粒体功能紊乱、诱导线粒体膜通透性作用而激活癌细胞死亡程序，是一种极为诱人的选择性线粒体代谢靶向的肿瘤细胞的治疗方法。肿瘤细胞与正常细胞显著的生理病理差异大大提高了线粒体靶向抗癌药物的选择性，以线粒体为靶向的药物研究可以加速这一治疗原理在临床上的应用，可引领高特异性细胞工具的时代。其中，针对癌细胞的线粒体丙酮酸的代谢异常为抗癌药物的研发提供了一条新的途径。然而，线粒体又是产生能量的关键细胞器，在保证正常细胞活动的同时，只靶向肿瘤细胞的线粒体丙酮酸代谢，是代谢治疗的重点和难点。为此，进一步了解肿瘤细胞的代谢途径及其相关的重要代谢通路，可以为开发更高效、更专一的抗癌剂提供理论依据，且由于代谢通路的复杂性及相关因子的多样性，基于代谢通路的治疗途径与方法仍需要进一步的探索。

6）线粒体的生理功能已不止于能量的合成，在免疫学效应方面也逐渐成为研究的热点。线粒体作为免疫系统的一部分，不仅自身参与了多种免疫应答，而且发挥了连接各部分的功能，线粒体应对外源性 PAMPs 和内源性 DAMPs 的主要机制包括参与中性粒细胞陷阱、细胞自噬与凋亡以及免疫微环境的构建等诸多方面。其中，线粒体 DAMPs 来源于线粒体，是多种病理性免疫反应的关键调节因子，在各种炎性相关疾病中起着重要的免疫调节作用，常与疾病进程及预后相关，也可以直接激活 NLRP3 炎性小体介导的炎性反应，在相关炎性疾病进展中发挥重要作用。然而，线粒体介导的免疫应答中主动、被动、免疫应答的先后顺序及内在联系等调控机制仍不能确定。因此，未来针对线粒体调控的固有免疫相关蛋白及各蛋白之间的功能及相互作用、线粒体介导的信号转导通路在免疫应答中的作用、免疫方式过程进行深入研究，将有助于抗感染疫苗和药物的研发，有利于线粒体相关疾病新型疗法的研发。

附录

专业术语对照表

英文	中文
ABAD	Aβ-结合性酒精脱氢酶蛋白
AD(Alzheimer's disease)	阿尔茨海默病
AKI(acute kidney injury)	急性肾损伤
AMPK [Adenosine 5′-monophosphate (AMP)-activated protein kinase]	蛋白激酶活化
ANT	内膜的腺苷酸转运蛋白
APP(amyloid precursor protein)	淀粉样前体蛋白
ASC (apoptosis-associated speck-like protein containing a caspase recruitment domain)	凋亡相关斑点样蛋白
ATP(adenosine triphosphate)	三磷酸腺苷
axonemal dynein	轴丝动力蛋白
Aβ(amyloid β-protein)	细胞外 β-淀粉样蛋白
BCL-2	B 淋巴瘤细胞蛋白 2
caspase	半胱氨酸蛋白酶
CCFmtDNA	循环无细胞线粒体 DNA
cGAS(cyclic GMP-AMP synthase)	循环鸟苷酸-腺苷酸合成酶
cGMP	鸟苷酸环化酶
CIC(citrate carrier)	柠檬酸盐

续表

英文	中文
CMT2A(charcot-marie-tooth2A)	腓骨肌萎缩症 2A 型
COX(Cytochrome oxidase)	细胞色素氧化酶
CPPD(calcium pyrophosphate)	脱水焦磷酸钙
CPPD	脱水焦磷酸钙
CTL(cytotoxic lymphocyte)	细胞毒性 T 淋巴细胞
CypD	基质蛋白亲环蛋白 D
CytC(Cytochrome C)	细胞色素 C
cytoplasmic dynein	胞质动力蛋白
cytosine	胞嘧啶
DAMPs(damage-associated molecular patterns)	内源性损伤相关分子模式
DIC(dicarboxylate carrier)	二羧基酸盐
Drp1(dynamin-related protein 1)	动力相关蛋白 1
dynein	动力蛋白
D-loop(Displacement loop)	启动子
endoplasmic reticulum related mitochondrial fission	ER 相关线粒体分裂
extrinsic pathway	外源性通路
$FADH_2$(flavin adenine dinucleotide)	黄素腺嘌呤二核苷酸
Fis1(fission protein 1)	线粒体分裂蛋白 1
F-actin	双螺旋纤维型肌动蛋白
GSK-3	糖原合成酶激酶 3B
GTPase(guanosine triphosphatase)	三磷酸鸟苷酶
G-actin	球状肌动蛋白单体

续表

英文	中文
HATs	组蛋白乙酰转移酶
HD(Huntington's disease)	亨廷顿舞蹈症
HDACs	去乙酰化酶
HDMs	组蛋白脱甲基酶
HF(heart failure)	糖尿病心肌病和心力衰竭
HK-VDAC	己糖激酶-电压依赖性阴离子通道
HMGB1	高迁移率族1蛋白
HPLF(human parametrial ligament fibroblast)	宫旁韧带成纤维细胞
ICAM-1 (intercellular cell adhesion molecule-1)	增加细胞间黏附分子-1
IF(intermediate filament)	中间丝
IL(interleukin)	白细胞介素
IMM(inner mitochondrial membrane)	线粒体内膜
IMS(intermembrane space)	膜间隙
inflammation	炎症
intrinsic	内源性通路
IOP(intra-ocular pressure)	眼内压
IRI(ischemia reperfusion injury)	心肌缺血再灌注损伤
JMJD	赖氨酸脱甲基酶
KGGHC (α-ketoglutarate dehydrogenase complex)	α-酮戊二酸脱氢酶复合物
kinesin	驱动蛋白
MAPK	激活裂化蛋白酶级联

续表

英文	中文
MAPs(microtubule-associated protein)	微管结合蛋白
MCP-1(monocyte chemotactic protein 1)	单核细胞趋化蛋白-1
MDPs (mitochondrial dynamic proteins)	线粒体动力学蛋白
Mff(mitochondrial fission factor)	线粒体裂变因子
Mfn1/2(mitofusins1/2)	线粒体融合蛋白 1/2
MiD49/51 (mitochondrial dynamics proteins of 49000 and 51000)	线粒体动力学蛋白
mitochondrial dynamics	线粒体动力学
mitoepigenetic regulation	线粒体表观遗传调控
MM(mitochondrial myopathy)	线粒体肌病
MNGIE(mitochondrial neurogastrointestinal encephalopathy disease)	线粒体神经肠胃脑肌病
MPTP (mitochondrial permeability transition pore)	线粒体通透性转换孔
MPTP (mitochondrial permeability transition)	线粒体通透转换孔
MSU	尿酸盐结晶
mtDNA(mitochondrion DNA)	线粒体 DNA
mtDNMT1	线粒体 DNA 甲基化酶
MUC(mitochondrial Ca^{2+} uniporter)	线粒体钙转运体
myosin	肌球蛋白
nDNA(nuclear DNA)	细胞核 DNA
NFH	神经丝重链
NLR(NOD-like receptor)	NOD 样受体

续表

英文	中文
NLR	缺口受体
NO(nitric oxide)	一氧化氮
OMM(outer mitochondrial membrane)	线粒体外膜
OPA1(optic atrophy1)	视神经萎缩蛋白 1
OXPHOS(oxidative phosphorylation)	过氧化磷酸化
PAMPs(pathogen-associated molecular patterns)	病原体相关分子模式
PD(Parkinson's disease)	帕金森病
PDHC (pyruvate dehydrogenase complex)	丙酮酸脱氢酶复合物
PDK	线粒体丙酮酸脱氢酶激酶
PEO(chronic progressive external ophthalmoplegia)	慢性进行性眼外肌麻痹
PGC-1 (peroxisome proliferator-activated receptor γ coactivator-1)	刺激因子-1
PGC-1α (peroxisome proliferator-activated receptor-γcoactivator-1α)	激活因子 1α
POP(pelvic organ prolapse)	女性盆腔器官脱垂
PRRs(pathogen recognition receptors)	宿主病原识别受体
PTPC	通透转变孔复合物
RA(rheumatoid arthritis)	类风湿性关节炎
RGCs(retinal ganglion cells)	视网膜神经节细胞
RLR(RIG-I like receptor)	RIG-I 样受体
RNS(reactive nitrogen species)	活性氮
ROS(reactive oxygen species)	活性氧簇

续表

英文	中文
S100 蛋白	神经胶质细胞特异性蛋白
SAM(S-adenosyl methionine)	S-腺苷甲硫氨酸
SASP(senescence-associated secretory phenotype)	分泌表型
SCA(spinocerebellar ataxia)	脊髓小脑萎缩
SIRS(systemic inflammatory response syndrome)	全身炎症反应综合征
SMA(spinal muscular atrophy)	脊髓型肌萎缩
STING(stimulator of interferon genes)	干扰素刺激基因
syntabulin	外周膜结合蛋白
syntaxin	突触融合蛋白
TCA(tricarboxylic acid cycle)	三羧酸循环
TIM(translocase of the inner membrane)	内膜转运酶
TK2(thymidine kinase 2)	线粒体胸苷激酶
TLR(toll-like receptor)	Toll 样受体
TLR	大受体
TOM(translocase of the membrane)	外膜转运酶
TRADD(TNF receptor associated-death domain)	TNF 受体相关死亡结构域
TRAF(TNF receptor associated factor)	TNF 受体相关因子
UPR^{mt}	线粒体解折叠蛋白反应
VDAC	阴离子通道
2DG	2-脱氧-D-葡萄糖

续表

英文	中文
2-OGDO(2-oxoglutarate-dependent dioxygenases)	双加氧酶
5hmC(5-hydroxymethylcytosine)	5-羟家基胞嘧啶
5mC(5-methylcytosine)	5-甲基胞嘧啶

参考文献

[1] Deryabina Y I，Isakova E P，Zvyagilskaya R A. Mitochondrial calcium transport systems：Properties，regulation，and taxonomic features [J]. Biochemistry，2004，69 (1)：91-102.

[2] Halestrap A P，Gillespie J P，O'Toole A，et al. Mitochondria and cell death：A pore way to die? [J] Symposia of the Society for Experimental Biology，2000，52 (6)：65-80.

[3] Yuriy K，Grigory K，David E C. The mitochondrial calcium uniporter is a highly selective ion channel [J]. Nature，2004，6972 (427)：360-364.

[4] MR H. Apoptosis in the ovary：Molecular mechanisms [J]. Human Reproduction Update，2005，11 (2)：162-178.

[5] David C C. Mitochondria：Dynamic organelles in disease，aging，and development [J]. Cell，2006，7 (125)：1241-1252.

[6] Saxton W M，Hollenbeck P J. The axonal transport of mitochondria [J]. Journal of Cell Science，2012，125 (9)：2095-2104.

[7] Suen D F，Norris K L，Youle R J. Mitochondrial dynamics and apoptosis [J]. Genes Dev，2008，22 (12)：1577.

[8] Ishihara N，Mihara K. Mitochondrial dynamics regulated by fusion and fission [J]. Tanpakushitsu Kakusan Koso Protein Nucleic Acid Enzyme，2005，50 (8)：931-939.

[9] Tobore T O. Towards a comprehensive understanding of the contributions of mitochondrial dysfunction and oxidative stress in the pathogenesis and pathophysiology of huntington's disease [J]. Journal of Neuroscience Research，2019，10 (7)：1-14.

[10] Tom C，Marco S，Shaun M，et al. CHCHD2 harboring Parkinson's disease-linked T61I mutation precipitates inside mitochondria and induces precipitation of wild-type CHCHD2 [J]. Human Molecular Genetics，2020，8 (7)：1-37.

[11] Peng Y，Gao P，Shi L，et al. Central and peripheral metabolic defects contribute to the pathogenesis of Alzheimer's disease：Targeting mitochondria for diagnosis and prevention [J]. Antioxidants & Redox Signaling，2020，6 (6)：10-25.

[12] Mathuram T L，Venkatesan T，Das J，et al. The apoptotic effect of GSK-3 inhibitors：BIO and CHIR 98014 on H1975 lung cancer cells through ROS generation and mitochondrial dysfunction [J]. Biotechnology Letters，2020，25 (3)：1-18.

[13] Pandey S，Patil S，Ballav N，et al. Spatial targeting of Bcl-2 on endoplasmic reticulum and mitochondria in cancer cells by lipid nanoparticles [J]. Journal of Materials Chemistry B，2020，10 (2)：1-8.

[14] Civenni G，Vasquez R，Merulla J，et al. Epigenetic reprogramming and mitochondrial dynamics drive self-renewal and tumorigenic capability of prostate cancer stem cells：New prospects for treatment of prostate cancer [J]. European Urology Sup-

plements, 2019, 18 (8): 3109.

[15] Madi N M, Ibrahim R R, Alghazaly G M, et al. The prospective curative role of lipoxin A 4 in induced gastric ulcer in rats: Possible involvement of mitochondrial dynamics signaling pathway [J]. International Union of Biochemistry and Molecular Biology Life, 2020, 15 (6): 1-14.

[16] Mancini N L, Goudie L, Xu W, et al. Perturbed mitochondrial dynamics is a novel feature of colitis that can be targeted to lessen disease [J]. Cellular and Molecular Gastroenterology and Hepatology, 2020, 12 (3): 1-55.

[17] Sophie H, Julia B, Jana K, et al. Mitochondrial DNA mutations induce mitochondrial biogenesis and increase the tumorigenic potential of Hodgkin and Reed-Sternberg cells [J]. Carcinogenesis, 2020, 32 (1): 1-17.

[18] II D, W G. Mitochondrial fission/fusion and cardiomyopathy [J]. Current Opinion in Genetics & Development, 2016, 38 (3): 38-44.

[19] Ye X, Feng D, Kai T, et al. MitoQ protects dopaminergic neurons in a 6-OHDA induced PD model by enhancing Mfn2-dependent mitochondrial fusion via activation of PGC-1α [J]. Biochimica Et Biophysica Acta-Molecular Basis of Disease, 2018, 1864 (9): 2859-2870.

[20] Marques-Aleixo I, Santos-Alves E, Torrella J R, et al. Exercise and doxorubicin treatment modulate cardiac mitochondrial quality control signaling [J]. Cardiovascular Toxicology, 2018, 18 (1): 43-55.

[21] Anand R, Wai T, Baker M J, et al. The i-AAA protease YME1L and OMA1 cleave OPA1 to balance mitochondrial fusion and fission [J]. Journal of Cell Biology, 2014, 204 (6): 919-929.

[22] Labrousse A M, Zappaterra M D, Rube D A, et al. C. Elegans dynamin-related protein Drp-1 controls severing of the mitochondrial outer membrane [J]. Molecular Cell, 1999, 4 (5): 815-826.

[23] Placmartín D, Schatton D, Wiederstein J L, et al. CLUH granules coordinate translation of mitochondrial proteins with mTORC1 signaling and mitophagy [J]. The EMBO Journal, 2020, 39 (12): 1-23.

[24] Youle R J. Mitochondrial fission, fusion, and stress [J]. Science, 2012, 337 (6098): 1062-1065.

[25] Longo D L, Archer S L. Mitochondrial dynamics — mitochondrial fission and fusion in human diseases [J]. New England Journal of Medicine, 2013, 369 (23): 2236-2251.

[26] Livingston M J, Wang J, Zhou J, et al. Clearance of damaged mitochondria via mitophagy is important to the protective effect of ischemic preconditioning in kidneys [J]. Autophagy, 2019, 10 (2): 1-22.

[27] Zhao J, Liu T, Jin S, et al. Human mief1 recruits Drp1 to mitochondrial outer membranes and promotes mitochondrial fusion rather than fission [J]. Embo Jour-

nal, 2011, 30 (14): 2762-2778.

[28] Kasashima K, Nagao Y, Endo H. Dynamic regulation of mitochondrial genome maintenance in germ cells [J]. Reproductive Medicine & Biology, 2013, 13 (1): 11-20.

[29] Sharp Willard W, et al. Mitochondrial dynamics in cardiovascular disease: Fission and fusion foretell form and function [J]. Journal of Molecular Medicine, 2015, 93 (3): 225-228.

[30] Fix D K, VanderVeen B N, Counts B R, et al. Regulation of skeletal muscle Drp-1 and Fis-1 protein expression by IL-6 signaling [J]. Oxidative Medicine & Cellular Longevity, 2019, 9 (9): 1-12.

[31] Bereketeab R M, Amit U J, Brooke A Napier, et al. Drp1/Fis1 interaction mediates mitochondrial dysfunction in septic cardiomyopathy [J]. Journal of Molecular & Cellular Cardiology, 2019, 130 (1): 160-169.

[32] Oliver, Losón, Zhiyin, et al. Fis1, Mff, MiD49, and Mid51 mediate Drp1 recruitment in mitochondrial fission [J]. Molecular Biology of the Cell, 2013, 24 (5): 659-667.

[33] Cassidy-Stone A, Chipuk J E, Ingerman E, et al. Chemical inhibition of the mitochondrial division dynamin reveals its role in Bax/Bak-dependent mitochondrial outer membrane permeabilization [J]. Dev Cell, 2008, 14 (2): 193-204.

[34] Miller, K. E. Axonal mitochondrial transport and potential are correlated [J]. Journal of Cell Science, 2004, 117 (13): 2791-2804.

[35] Hirokawa N, Takemura R. Kinesin superfamily proteins and their various functions and dynamics [J]. Experimental Cell Research, 2004, 301 (1): 50-59.

[36] Dixit R, Ross J L, Goldman Y E, et al. Differential regulation of dynein and kinesin motor proteins by tau [J]. Science, 2008, 319 (5866): 1086-1089.

[37] Boldogh I R, Pon L A. Mitochondria on the move [J]. Trends in Cell Biology, 2007, 17 (10): 502-510.

[38] Cai Q, Sheng Z H. Mitochondrial transport and docking in axons [J]. Experimental Neurology, 2009, 218 (2): 0-267.

[39] Castle M J, Perlson E, Holzbaur E L, et al. Long-distance axonal transport of AAV9 is driven by dynein and Kinesin-2 and is trafficked in a highly motile Rab7-positive compartment [J]. Molecular Therapy the Journal of the American Society of Gene Therapy, 2014, 22 (3): 554-566.

[40] Tempes A, Weslawski J, Brzozowska A, et al. Role of dynein-dynactin complex, kinesins, motor adaptors, and their phosphorylation in dendritogenesis [J]. Journal of Neurochemistry, 2020, 15 (1): 1-20.

[41] Andreas Weihofen K J T, Beth L Ostaszewski, Mark R Cookson, et al. Pink1 forms a multiprotein complex with miro and milton, linking Pink1 function to mitochondrial trafficking [J]. Biochemistry, 2009, 48 (9): 2045-2052.

[42] Bigotti M G，Bellamy S R W，Clarke A R. The asymmetric ATPase cycle of the thermosome：Elucidation of the binding，hydrolysis and product-release steps [J]. Journal of Molecular Biology，2006，362 (4)：0-843.

[43] Romain C. Mitofusins 1/2 and ERRalpha expression are increased in human skeletal muscle after physical exercise [J]. The Journal of Physiology，2005，567 (1)：349-358.

[44] 刘慧君，姜宁，赵斐，等. 急性运动中骨骼肌线粒体移动相关基因表达与线粒体动力学的关系 [J]. 天津体育学院学报，2010，25 (2)：118-121.

[45] Tondera，D. The mitochondrial protein MTP18 contributes to mitochondrial fission in mammalian cells [J]. Journal of Cell Science，2005，118 (14)：3049-3059.

[46] Nguyen P，Kim K Y，Kim A Y，et al. Mature silkworm powders ameliorated scopolamine-induced amnesia by enhancing mitochondrial functions in the brains of mice [J]. Journal of Functional Foods，2020，67 (1)：103886.

[47] RM C A，Wilson M A，Miller D W，et al. The Parkinson's disease protein DJ-1 is neuroprotective due to cysteine-sulfinic acid-driven mitochondrial localization [J]. Proceedings of the National Academy of Sciences of the United States of America，2004，101 (24)：9103-9108.

[48] Gon I O，Passos E，Diogo C V，et al. Exercise mitigates mitochondrial permeability transition pore and quality control mechanisms alterations in non-alcoholic steatohepatitis [J]. Applied Physiology Nutrition & Metabolism，2016，41 (3)：298-306.

[49] Han Y，Kim B，Yong S S. Abstract 4522：Hypoxia-induced alteration of mitochondrial dynamics is linked to chemoresistance in ovarian cancer [J]. Cancer Research，2017，77 (13 Supplement)：4522-4522.

[50] Rafael，Molina，Barak Vivian，van Dalen Arie，et al. Tumor markers in breast cancer — European group on tumor markers recommendations [J]. Biomedicine & Pharmacotherapy，2005，26 (6)：281-293.

[51] Hoppins S，Nunnari J. Mitochondrial dynamics and apoptosis—the ER connection [J]. Science，2012，337 (6098)：1052-1054.

[52] Martinou J C，Youle R J. Which came first，the cytochrome C release or the mitochondrial fission ? [J]. Cell Death and Differentiation，2006，13 (8)：1291-1295.

[53] Jian Fenglei，Chen Dan，Chen Li，et al. Sam50 regulates PINK1-Parkin mediated mitophagy by controlling pink1 stability and mitochondrial morphology [R]. Embo Workshop，2017.

[54] 郑凯，杨梅桂，闫朝君，等. 线粒体动力学与细胞凋亡 [J]. 中国细胞生物学学报，2019，10 (8)：1467-1476.

[55] Inoue-Yamauchi A，Oda H. Depletion of mitochondrial fission factor Drp1 causes increased apoptosis in human colon cancer cells [J]. Biochemical & Biophysical Re-

search Communications, 2012, 421 (1): 81-85.

[56] Yang Xiao, Wang Hua, Ni Hongmin, et al. Inhibition of Drp1 protects against senecionine-induced mitochondria-mediated apoptosis in primary hepatocytes and in mice [J]. Redox Biology, 2017, 12 (1): 264-273.

[57] Jonathan R F. ER tubules mark sites of mitochondrial division [J]. Science, 2011, 6054 (334): 358-362.

[58] Anis E, Zafeer M F, Firdaus F, et al. Perillyl alcohol mitigates behavioural changes and limits cell death and mitochondrial changes in unilateral 6-OHDA lesion model of Parkinson's disease through alleviation of oxidative stress [J]. Neurotoxicity Research, 2020, 38 (2): 461-477.

[59] Miaomiao H, Qiong T, Banghua W, et al. Resveratrol suppresses bone cancer pain in rats by attenuating inflammatory responses through the AMPK/Drp1 signaling [J]. Acta Biochimica Et Biophysica Sinica, 2020, 52 (3): 231-240.

[60] Sylvie M. Membrane remodeling induced by the dynamin-related protein Drp1 stimulates Bax oligomerization [J]. Cell, 2010, 142 (6): 889-901.

[61] Rival T, Macchi M, Arnauné-Pelloquin L, et al. Inner-membrane proteins PMI/TMEM11 regulate mitochondrial morphogenesis independently of the Drp1/Mfn fission/fusion pathways [J]. Embo Reports, 2011, 12 (3): 223-230.

[62] De Palma C, Falcone S, Pisoni S, et al. Nitric oxide inhibition of Drp1-mediated mitochondrial fission is critical for myogenic differentiation [J]. Cell Death & Differentiation, 2010, 17 (11): 1684-1696.

[63] Joshi A U, Saw N L, Vogel H, et al. Inhibition of Drp1/Fis1 interaction slows progression of amyotrophic lateral sclerosis [J]. Embo Molecular Medicine, 2018, 10 (3): e8166.

[64] Sheridan C, Delivani P, Cullen S P, et al. Bax-or Bak-induced mitochondrial fission can be uncoupled from cytochrome c release [J]. Molecular Cell, 2008, 31 (4): 570-585.

[65] Wang K, Long B, Jiao J Q, et al. Mir-484 regulates mitochondrial network through targeting fis1 [J]. Nature Communications, 2012, 3 (1): 781.

[66] Xin Q, Qvit N, Su Y C, et al. A novel Drp1 inhibitor diminishes aberrant mitochondrial fission and neurotoxicity [J]. Journal of Cell Science, 2012, 126 (3): 789-802.

[67] Osellame L D, Singh A P, Stroud D A, et al. Cooperative and independent roles of the Drp1 adaptors Mff, MiD49 and MiD51 in mitochondrial fission [J]. Journal of Cell Science, 2016, 129 (1): 2170-2181.

[68] Ma J, Zhai Y, Chen M, et al. New interfaces on MiD51 for Drp1 recruitment and regulation [J]. Plos One, 2019, 14 (1): 518.

[69] Wang D B, Uo T, Kinoshita C, et al. Bax interacting factor-1 promotes survival and mitochondrial elongation in neurons [J]. Journal of Neuroscience, 2014, 34

(7)：2674-2683.

[70] Wang W，Xie Q，Zhou X，et al. Mitofusin-2 triggers mitochondria Ca^{2+} influx from the endoplasmic reticulum to induce apoptosis in hepatocellular carcinoma cells [J]. Cancer Letters，2015，358 (1)：47-58.

[71] Christian F. OPA1 controls apoptotic cristae remodeling independently from mitochondrial fusion [J]. Cell，2006，126 (1)：177-189.

[72] Baker M J，Lampe P A，Stojanovski D，et al. Stress-induced oma1 activation and autocatalytic turnover regulate OPA1-dependent mitochondrial dynamics [J]. Embo Journal，2014，33 (6)：578-593.

[73] Li C，Zhu B，Son Y M，et al. The transcription factor Bhlhe40 programs mitochondrial regulation of resident CD8+T cell fitness and functionality [J]. Immunity，2020，52 (1)：201-202.

[74] Gvozdjáková A，Kucharská J，Kura B，et al. A new insight into the molecular hydrogen effect on coenzyme Q and mitochondrial function of rats 1 [J]. Canadian Journal of Physiology and Pharmacology，2020，98 (1)：29-34.

[75] Yamaguchi R，Lartigue L，Perkins G，et al. OPA1-mediated cristae opening is Bax/Bak and BH3 dependent，required for apoptosis，and independent of Bak oligomerization [J]. Molecular Cell，2008，31 (4)：557-569.

[76] Lewis S C，Uchiyama L F，Nunnari J. ER-mitochondria contacts couple mtDNA synthesis with mitochondrial division in human cells [J]. Science，2016，353 (6296)：261.

[77] Choi J W J，Ford E S，Gao X，et al. Sugar-sweetened soft drinks，diet soft drinks，and serum uric acid level：The third national health and nutrition examination survey [J]. Arthritis Care & Research，2008，59 (1)：109-116.

[78] Sharp Willard W. Dynamin-related protein 1 as a therapeutic target in cardiac arrest [J]. Journal of Molecular Medicine，2015，93 (3)：245-252.

[79] Youle R J，Van d B，A. M. Mitochondrial fission，fusion，and stress [J]. Science，2012，337 (6098)：1062-1065.

[80] Ruslan M. Origin and physiological roles of inflammation [J]. Nature，2008，7203 (454)：428-435.

[81] Dong-Hyung Cho，Tomohiro，et al. S-nitrosylation of Drp1 mediates beta-amyloid-related mitochondrial fission and neuronal injury [J]. Science，2009，324 (5923)：1-11.

[82] C D P. Nitric oxide inhibition of Drp1-mediated mitochondrial fission is critical for myogenic differentiation [J]. Cell death and differentiation，2010，11 (17)：1684-1696.

[83] 张勇，胡文君，王尧，等. Mfn2基因转染对非酒精性脂肪肝细胞线粒体功能的影响 [J]. 中国病理生理杂志，2010，26 (3)：568-572.

[84] Carvalho C，Cardoso S. Diabetes-Alzheimer's disease link：Targeting mitochondri-

al dysfunction and redox imbalance [J]. Antioxidants and Redox Signaling，2020，10 (1)：1-53.

[85] Demarest T G，Varma V R，Estrada D，et al. Biological sex and DNA repair deficiency drive Alzheimer's disease via systemic metabolic remodeling and brain mitochondrial dysfunction [J]. Acta Neuropathologica，2020，10 (1)：1-23.

[86] Dan C，Ling-Ling L，Xin-Jie L，et al. The pharmacological effect and mechanism study of cynomorium songaricum on Alzheimer's disease based on mitochondrial dynamic balance [J]. Journal of Neuropharmacology，2019 (4)：10-19.

[87] Yang X D，Shi Q，Sun J，et al. Aberrant alterations of Mitochondrial Factors Drp1 and Opa1 in the Brains of Scrapie Experiment Rodents [J]. Journal of Molecular Neuroscience，2017，61 (3)：368-378.

[88] Duboff B，Gz J，Feany M B. Tau promotes neurodegeneration via Drp1 mislocalization in Vivo [J]. Neuron，2012，75 (4)：618-632.

[89] Xinglong Wang，Bo Su，Sandra L S，et al. Amyloid-β overproduction causes abnormal mitochondrial dynamics via differential modulation of mitochondrial fission/fusion proteins [J]. PNAS，2008，105 (49)：19318-19323.

[90] Lisa S S. DNA methyltransferase 1，cytosine methylation，and cytosine hydroxymethylation in mammalian mitochondria [J]. Proceedings of the National Academy of Sciences of the United States of America，2011，108 (9)：3630-3635.

[91] Henze K，Martin W. Evolutionary biology：Essence of mitochondria [J]. Nature，2003，426 (6963)：127-128.

[92] Nicholls T J，Minczuk M. In D-loop：40 years of mitochondrial 7s DNA [J]. Experimental Gerontology，2014，56 (1)：175-181.

[93] Barry A C. Epigenetic regulation of motor neuron cell death through DNA methylation [J]. The Journal of Neuroscience，2011，31 (46)：16619-16636.

[94] Tomasz P J. Human DNMT2 methylates tRNA (Asp) molecules using a DNA methyltransferase-like catalytic mechanism [J]. RNA，2008，14 (8)：1663-1670.

[95] Chen C C，Wang K Y，Shen C K J. The mammalian de novo DNA methyltransferases DNMT3A and DNMT3B are also DNA 5-hydroxymethylcytosine dehydroxymethylases [J]. Journal of Biological Chemistry，2012，287 (40)：33116-33121.

[96] Wagner J R，Cadet J. Oxidation reactions of cytosine DNA components by hydroxyl radical and one-electron oxidants in aerated aqueous solutions [J]. Acc Chem Res，2010，43 (4)：564-571.

[97] Sun Z，Jolyon T，Borgaro J G，et al. High-Resolution Enzymatic Mapping of Genomic 5-Hydroxymethylcytosine in Mouse Embryonic Stem Cells [J]. Cell Reports，2013，3 (3)：567-576.

[98] Jia Y，Li R，Cong R，et al. Maternal low-protein diet affects epigenetic regulation of hepatic mitochondrial DNA transcription in a sex-specific manner in newbornpig

lets associated with gr binding to its promoter [J]. Plos One, 2013, 8 (5): e63855-e63861.

[99] You C, Ji D, Dai X, et al. Effects of Tet-mediated oxidation products of 5-methylcytosine on DNA transcription in vitro and in mammalian cells [J]. Scientific Reports, 2014, 4 (2): 7052-7056.

[100] Sengupta, Shantanu, Ghosh, et al. Comparative analysis of human mitochondrial methylomes shows distinct patterns of epigenetic regulation in mitochondria [J]. Mitochondrion, 2014, 9 (4): 1-6.

[101] Dina B, Patrizia D A, Teresa S, et al. The control region of mitochondrial DNA shows an unusual CpG and non-CpG methylation pattern [J]. DNA Research, 2013, 6 (6): 537-547.

[102] Sun Z, Jolyon T, Borgaro J G, et al. High-resolution enzymatic mapping of genomic 5-hydroxymethylcytosine in mouse embryonic stem cells [J]. Cell Reports, 2013, 3 (3): 567-576.

[103] Grf J, Tsai L H. Histone acetylation: Molecular mnemonics on the chromatin [J]. Nature Reviews Neuroscience, 2013, 14 (2): 97-111.

[104] Zhang K, Schrag M, Crofton A, et al. Targeted proteomics for quantification of histone acetylation in Alzheimer's disease [J]. Proteomics, 2012, 12 (8): 1261-1268.

[105] Schroeder E, Raimundo N, Shadel G. Epigenetic Silencing Mediates Mitochondria Stress-Induced Longevity [J]. Cell Metabolism, 2013, 17 (6): 954-964.

[106] Schulz A M, Haynes C M. UPR (mt)-mediated cytoprotection and organismal aging [J]. BBA -Bioenergetics, 2015, 5 (1): 1448-1456.

[107] Mcgarvey K M, Fahrner J A, Greene E, et al. Silenced tumor suppressor genes reactivated by DNA demethylation do not return to a fully euchromatic chromatin state [J]. Cancer Research, 2006, 66 (7): 3541-3549.

[108] Tian Y, Garcia G, Bian Q, et al. Mitochondrial stress induces chromatin reorganization to promote longevity and UPR (mt) [J]. Cell, 2016, 10 (2): 1197-1208.

[109] Triant D A, Andrew D J. Integrating numt pseudogenes into mitochondrial phylogenies: comment on 'Mitochondrial phylogeny of Arvicolinae using comprehensive taxonomic sampling yields new insights' [J]. Biological Journal of the Linnean Society, 2009, 9 (1): 223-224.

[110] Lee J H, Kim D K. Microsatellite instability of nuclear and mitochondrial DNAs in gastric carcinogenesis [J]. Asian Pacific Journal of Cancer Prevention Apjcp, 2014, 15 (19): 8029-8032.

[111] Li H, Tian Z, Zhang Y, et al. Increased copy number of mitochondrial DNA predicts poor prognosis of esophageal squamous cell carcinoma [J]. Oncology Letters, 2017, 15 (1): 1014-1020.

[112] Ree A H, Bousquet P A, Bjørnetrø T, et al. Circulating mitochondrial DNA (mtDNA) variants to predict metastatic progression of rectal cancer [J]. Journal

of Clinical Oncology, 2020, 38 (15): 16132-16132.

[113] Schon E A, Dimauro S, Hirano M. Human mitochondrial DNA: Roles of inherited and somatic mutations [J]. Nature Reviews Genetics, 2012, 13 (12): 878-890.

[114] Lan Q, Lim U, Liu C S, et al. A prospective study of mitochondrial DNA copy number and risk of non-hodgkin lymphoma [J]. Blood, 2008, 112 (10): 4247-4249.

[115] Hsu C C, Tseng L M, Lee H C. Role of mitochondrial dysfunction in cancer progression [J]. Journal of the Society for Experimental Biology & Medicine, 2016, 10 (3): 1-15.

[116] Warowicka A, Kwasniewska A, Gozdzicka-Jozefiak A. Alterations in mtDNA: A qualitative and quantitative study associated with cervical cancer development [J]. Gynecologic Oncology, 2013, 129 (1): 193-198.

[117] Yonggang H. Increased leukocyte mitochondrial DNA copy number is associated with oral premalignant lesions: An epidemiology study [J]. Carcinogenesis, 2014, 35 (8): 1760-1764.

[118] Rosy M, Kumar G S, Hussain C J, et al. Mitochondrial DNA copy number and risk of oral cancer: A report from northeast India [J]. Plos One, 2013, 8 (3): 57771-57779.

[119] Kohler C, Radpour R, Barekati Z, et al. Levels of plasma circulating cell free nuclear and mitochondrial DNA as potential biomarkers for breast tumors [J]. Molecular Cancer, 2009, 8 (1): 1-8.

[120] Hsu C C, Lee H C, Wei Y H, et al. Mitochondrial DNA alterations and mitochondrial dysfunction in the progression of hepatocellular carcinoma [J]. World Journal of Gastroenterology, 2013, 19 (47): 8880-8886.

[121] Singh K, Kulawiec M, Ayyasamy V. p53 regulates mtDNA copy number and mitocheckpoint pathway [J]. Journal of Carcinogenesis, 2009, 8 (1): 8.

[122] Lebedeva M A, Eaton J S, Shadel G S. Loss of p53 causes mitochondrial DNA depletion and altered mitochondrial reactive oxygen species homeostasis [J]. Biochimica Et Biophysica Acta, 2009, 1787 (5): 328-334.

[123] Geetha A. Novel role of p53 in maintaining mitochondrial genetic stability through interaction with DNA pol γ [J]. The EMBO Journal, 2005, 24 (19): 3482-3492.

[124] Beekman Renée. Epigenomics in health and disease [M]. Amsterdam: Elsevier, 2016: 183-207.

[125] Peter A J, Stephen B B. The epigenomics of cancer [J]. Cell, 2007, 4 (128): 683-692.

[126] Janssens J P, Pache J C, Nicod L P. Physiological changes in respiratory function associated with ageing [J]. European Respiratory Journal, 2001, 13 (1):

197-205.

[127] Patel A, Pandey V, Patra D D. Metal absorption properties of mentha spicata grown under tannery sludge amended soil-its effect on antioxidant system and oil quality [J]. Chemosphere, 2016, 147 (1): 67-73.

[128] Salminen A, Kaarniranta K, Hiltunen M, et al. Krebs cycle dysfunction shapes epigenetic landscape of chromatin: Novel insights into mitochondrial regulation of aging process [J]. Cellular Signalling, 2014, 26 (7): 1598-1603.

[129] 潘云枫，王演怡，陈静雯，等.线粒体代谢介导的表观遗传改变与衰老研究 [J]. 遗传，2019，10 (10)：893-904.

[130] Li H, Liu Y. Mechanistic investigation of isonitrile formation catalyzed by the nonheme iron/α-kg-dependent decarboxylase (ScoE) [J]. ACS Catalysis, 2020, 10 (5): 2942-2957.

[131] Junn E, Lee K W, Jeong B S, et al. Repression of α-synuclein expression and toxicity by microRNA-7 [J]. Proceedings of the National Academy of Sciences of the United States of America, 2009, 106 (31): 13052-13057.

[132] Kim J, Inoue K, Ishii J, et al. A microRNA feedback circuit in midbrain dopamine neurons [J]. Science, 2007, 317 (5842): 1220-1224.

[133] Jovicic A, Zaldivar Jolissaint J F, Moser R, et al. MicroRNA-22 (mir-22) overexpression is neuroprotective via general anti-apoptotic effects and may also target specific huntington's disease-related mechanisms [J]. Plos One, 2013, 8 (1): 54222.

[134] Yang Q, Yu S, Fu P, et al. Boosting performance of non fullerene organic solar cells by 2Dg C_3N_4 doped PEDOT: PSS [J]. Advanced Functional Materials, 2020, 30 (15): 1-8.

[135] Chiara F, Castellaro D, Marin O, et al. Hexokinase ii detachment from mitochondria triggers apoptosis through the permeability transition pore independent of voltage-dependent anion channels [J]. Plos One, 2008, 3 (3): 1852-1859.

[136] Kim W, Yoon J H, Jeong J M, et al. Apoptosis-inducing antitumor efficacy of hexokinase ii inhibitor in hepatocellular carcinoma [J]. Molecular Cancer Therapeutics, 2007, 6 (9): 2554-2562.

[137] Yang M, Li K, Sun J, et al. Knockout of VDAC1 in H9c2 cells promotes Tbhp nduced cell apoptosis through decreased mitochondrial HK II binding and enhanced glycolytic stress [J]. The FASEB Journal, 2020, 34 (1): 1-11.

[138] Yang X, Tang S, Dai C, et al. Quinocetone induces mitochondrial apoptosis in HepG2 cells through ROS-dependent promotion of VDAC1 oligomerization and suppression of wnt1/β-catenin signaling pathway [J]. Food & Chemical Toxicology, 2017, 105 (3): 161-176.

[139] Trost B M, Sieber J D, Qian W, et al. Asymmetric total synthesis of soraphen A: A flexible alkyne strategy [J]. Angewandte Chemie, 2009, 18 (1): 5586-5589.

[140] Christoph B, Katrin H, Frank W, et al. K-ras mutations in stools and tissue

samples from patients with malignant and nonmalignant pancreatic diseases [J]. Clinical Chemistry, 2020, 9 (10): 2103-2107.

[141] Liu S, Cai X, Wu J, et al. Phosphorylation of innate immune adaptor proteins MAVS, STING, and TRIF induces IRF3 activation [J]. Science, 2015, 347 (6227): 2630-2637.

[142] Hu Q, Ren Y, Slade D A, et al. Damps' role in inflammatory bowel disease: A paradoxical player of mtDNA-STING signaling pathway in gut homeostasis [J]. Ence Bulletin, 2019, 64 (19): 11-15.

[143] Takeuchi O, Akira S. Innate immunity to virus infection [J]. Immunological Reviews, 2008, 227 (1): 75-86.

[144] Werts C, Girardin S E, Philpott D J. TIR, CARD and PYRIN: Three domains for an antimicrobial triad [J]. Cell Death & Differentiation, 2006, 13 (5): 798-815.

[145] Karch J, Kwong J Q, Burr A R, et al. Bax and Bak function as the outer membrane component of the mitochondrial permeability pore in regulating necrotic cell death in mice [J]. Elife, 2013, 2 (2): 772.

[146] Li M, Wang L, Wang Y, et al. Mitochondrial fusion via OPA1 and Mfn1 supports liver tumor cell metabolism and growth [J]. Cells, 2020, 121 (9): 1-16.

[147] Goldman M, Webert K E, Arnold D M, et al. Proceedings of a consensus conference: Towards an understanding of TRALI [J]. Transfusion Medicine Reviews, 2005, 19 (1): 2-31.

[148] Dios R D, Nguyen L, Ghosh S, et al. CpG ODA mediated TLR9 innate immune signalling and calcium dyshomeostasis converge on the NFκB inhibitory protein IκBβ to drive IL1α and IL1β expression [J]. Immunology, 2020, 160 (1): 64-77.

[149] Wei X, Shao B, He Z, et al. Cationic nanocarriers induce cell necrosis through impairment of Na^+/K^+-atpase and cause subsequent inflammatory response [J]. Cell Research, 2015, 025 (002): 237-253.

[150] Abe T, Barber G N. Cytosolic-DNA-mediated, STING-dependent proinflammatory gene induction necessitates canonical activation through TBK1 [J]. Journal of Virology, 2014, 88 (10): 5328-5341.

[151] Allison S J. Sting activation by cytoplasmic mtDNA triggers renal inflammation and fibrosis [J]. Nature Reviews Nephrology, 2019, 15 (11): 1-10.

[152] Schroder K, Zhou R, Tschopp J. The NLRP3 inflammasome: A sensor for metabolic danger? [J]. Science, 2010, 327 (5963): 296-300.

[153] O'Brien W T, Pham L, Symons G F, et al. The NLRP3 inflammasome in traumatic brain injury: Potential as a biomarker and therapeutic target [J]. Journal of Neuroinflammation, 2020, 17 (104): 1-12.

[154] Guo H, Callaway J B, Ting P Y. Inflammasomes: Mechanism of action, role in

disease, and therapeutics [J]. Nature medicine, 2015, 21 (7): 677-687.

[155] Timmermans K, Kox M, Gerretsen J, et al. The involvement of danger-associated molecular patterns in the development of immunoparalysis in cardiac arrest patients [J]. Critical Care Medicine, 2015, 43 (11): 2332-2338.

[156] Amin R. Nanotubular highways for intercellular organelle transport [J]. Science, 2004, 5660 (303): 1007-1010.

[157] Nakahira K, Haspel J A, Rathinam V A K, et al. Autophagy proteins regulate innate immune responses by inhibiting the release of mitochondrial DNA mediated by the NALP3 inflammasome [J]. Nature Immunology, 2011, 12 (3): 222-230.

[158] Cruz C. ATP activates a reactive oxygen species-dependent oxidative stress response and secretion of proinflammatory cytokines in macrophages [J]. The Journal of Biological Chemistry, 2007, 282 (5): 2871-2879.

[159] Li Z Y, Yang Y, Ming M, et al. Mitochondrial ROS generation for regulation of autophagic pathways in cancer [J]. Biochem Biophys Res Commun, 2011, 414 (1): 1-8.

[160] Stagg J, Smyth M J. Extracellular adenosine triphosphate and adenosine in cancer [J]. Oncogene, 2010, 29 (39): 5346-5358.

[161] François Ghiringhelli, Liorcel Apetoh, Antoine Tesniere, et al. Activation of the NLRP3 inflammasome in dendritic cells induces 1L-1β-dependent adaptive immunity against tumors [J]. Nature medicine, 2009, 10 (15): 1170-1179.

[162] Hattori M, Gouaux E. Molecular mechanism of ATP binding and ion channel activation in P2X receptors [J]. Nature, 2012, 485 (7397): 207-212.

[163] Seiffert K, Ding W, Wagner J A, et al. ATP enhances the production of inflammatory mediators by a human dermal endothelial cell line via purinergic receptor signaling [J]. Journal of Investigative Dermatology, 2006, 45 (1): 287-296.

[164] Shimada K, Crother T R, Karlin J, et al. Oxidized mitochondrial DNA activates the NLRP3 inflammasome during apoptosis [J]. Immunity, 2012, 36 (3): 1-414.

[165] Papp L, Vizi E S, Sperlágh B. P2X7 receptor mediated phosphorylation of p38MAP kinase in the hippocampus [J]. Biochemical & Biophysical Research Communications, 2007, 355 (2): 560-574.

[166] Fujita T, Onoguchi K, Onomoto K, et al. Triggering antiviral response by RIG-I-related rna helicases [J]. Biochimie, 2007, 89 (6-7): 754-760.

[167] Khan K A, Abbas W, Varin A, et al. HIV-1 nef interacts with HCV core, recruits TRAF2, TRAF5 and TRAF6, and stimulates HIV-1 replication in macrophages [J]. Journal of Innate Immunity, 2013, 5 (6): 639-656.

[168] Chang S J, Hsiao J C, Sonnberg, et al. Poxvirus host range protein CP77 contains an F-Box-Like domain that is necessary to suppress nf-κb activation by tumor

necrosis factor alpha but is independent of its host range function [J]. Journal of Virology, 2009, 83 (9): 4140-4152.

[169] Rothman P, Li S C, Gorham B, et al. Identification of a conserved LPS/1L1-4 responsive element located at the promoter of germline transcripts [J]. Molecular & Cellular Biology, 1991, 11 (11): 5551-5561.

[170] Narendra D P, Jin S M, Tanaka A, et al. Pink1 is selectively stabilized on impaired mitochondria to activate parkin [J]. Plos Biology, 2010, 8 (1): 1000298.

[171] Gao Z, Li Y, Wang F, et al. Mitochondrial dynamics controls anti-tumour innate immunity by regulating CHIP-Irf1 axis stability [J]. Nature Communications, 2017, 8 (1): 1805.

[172] O'Boyle A L, O' Boyle J D, Calhoun B, et al. Pelvic organ support in pregnancy and postpartum [J]. International Urogynecology Journal & Pelvic Floor Dysfunction, 2005, 16 (1): 69-72.

[173] Paradies G, Petrosillo G, Pistolese M, et al. Lipid peroxidation and alterations to oxidative metabolism in mitochondria isolated from rat heart subjected to ischemia and reperfusion [J]. Free Radic Biol Med, 1999, 27 (1-2): 42-50.

[174] Wang J, Chu H, Zhao H, et al. Nitricoxide synthase-induced oxidative stress in prolonged alcoholic myopathies of rats [J]. Molecular & Cellular Biochemistry, 2007, 304 (1-2): 135-142.

[175] Ito K, Hirao A, Arai F, et al. Erratum: Reactive oxygen species act through p38 MAPK to limit the lifespan of hematopoietic stem cells [J]. Nature medicine, 2010, 16 (1): 446-451.